BSFL उद्योग

विज्ञान, तंत्रज्ञान आणि व्यवसाय

मुक्तक जोशी

प्रस्तावना

बीएसएफएल (Black Soldier Fly Larvae) बद्दल माझा प्रवास एखाद्या संशोधन प्रकल्पातून किंवा व्यावसायिक योजनेतून सुरू झाला नाही. तो सुरू झाला एका साध्या समस्येतून.

आमच्या मुक्त संचारातील कोंबड्यांसाठी दर्जेदार आणि परवडणारे प्रथिनयुक्त खाद्य उपलब्ध करून देणे आणि आमच्या हॉटेलमधून दररोज निर्माण होणाऱ्या तीनशे ते चारशे किलो जैविक कचऱ्याचे व्यवस्थापन करणे, या दोन आव्हानांसमोर मी उभा होतो. या समस्येचे उत्तर शोधताना माझी ओळख BSFL शी झाली.

सुरुवातीला मलाही BSFL म्हणजे फक्त अळ्यांचे पालन वाटत होते. पण जसजसे मी या विषयाचा अभ्यास करू लागलो, प्रयोग करू लागलो आणि प्रत्यक्ष उत्पादन घेऊ लागलो, तसतसे लक्षात आले की हा केवळ एक कीटक नाही तर एक संपूर्ण जैविक उद्योग आहे. निसर्गातील टाकाऊ समजल्या जाणाऱ्या सेंद्रिय पदार्थांचे उच्च दर्जाच्या प्रथिनांमध्ये, तेलामध्ये आणि सेंद्रिय खतामध्ये रूपांतर करण्याची त्याची क्षमता विलक्षण आहे.

या क्षेत्रातील आणखी एक महत्त्वाची गोष्ट म्हणजे BSFL व्यवसाय करण्यासाठी शेतकरी असणे आवश्यक नाही. तुमच्याकडे शेती नसली तरी चालते. शहरांमध्ये, औद्योगिक भागांमध्ये किंवा अगदी मर्यादित जागेतही BSFL उत्पादन करता येते. जर तुम्ही मंगल कार्यालयाचे मालक असाल, वसतिगृह चालवत असाल, हॉटेल किंवा ढाबा व्यवसायात असाल किंवा मोठ्या प्रमाणावर जैविक कचरा निर्माण होत असेल, तर BSFL तुमच्यासाठी कचरा व्यवस्थापनासोबतच अतिरिक्त उत्पन्नाचे साधन बनू शकते.

आज जगभरात प्रथिनांची मागणी वाढत आहे. पशुखाद्याचा खर्च वाढत आहे. कचरा व्यवस्थापन हा मोठा पर्यावरणीय प्रश्न बनत आहे. अशा परिस्थितीत BSFL

हे तंत्रज्ञान या तिन्ही समस्यांवर एकाच वेळी उपाय सुचवते. म्हणूनच मला वाटते की येणाऱ्या काळात BSFL उद्योगाचे महत्त्व प्रचंड वाढणार आहे.

हे पुस्तक लिहिण्याचा उद्देश केवळ माहिती देणे हा नाही. मराठी भाषेत BSFL विषयावरील वैज्ञानिक, व्यावहारिक आणि व्यावसायिक माहिती एकाच ठिकाणी उपलब्ध करून देणे हा त्यामागचा हेतू आहे. या पुस्तकात मी वाचलेल्या संशोधनाचा, केलेल्या प्रयोगांचा, आलेल्या अडचणींचा आणि मिळालेल्या अनुभवांचा प्रामाणिकपणे समावेश करण्याचा प्रयत्न केला आहे.

तुम्ही शेतकरी असाल, उद्योजक असाल, विद्यार्थी असाल, संशोधक असाल किंवा नवीन व्यवसायाच्या शोधात असाल, मला आशा आहे की हे पुस्तक तुम्हाला BSFL उद्योग समजून घेण्यास आणि त्यामधील संधी ओळखण्यास मदत करेल.

निसर्गात कचरा नावाची कोणतीही गोष्ट नसते. एका घटकाचा टाकाऊ पदार्थ हा दुसऱ्या घटकासाठी संसाधन असतो. BSFL हे त्या नैसर्गिक तत्त्वाचे उत्कृष्ट उदाहरण आहे.

चला, या अद्भुत जीवाच्या आणि त्याच्याभोवती उभ्या राहणाऱ्या नव्या उद्योगविश्वाच्या प्रवासाला सुरुवात करूया.

मुक्तक जोशी

अनुक्रमणिका

ओळख

BSFL म्हणजे काय?

BSFL म्हणजे Black Soldier Fly Larvae. मराठीत याला ब्लॅक सोल्जर फ्लायच्या अळ्या असे म्हणता येईल. BSFL हा जगभरात वेगाने वाढणारा एक उद्योग आहे.

निसर्गात रोज लाखो टन सेंद्रिय कचरा तयार होतो. भाजीपाल्याचे अवशेष, फळांचा कचरा, हॉटेलमधील उरलेले अन्न, शेतीतील टाकाऊ पदार्थ, गोठ्यातील सेंद्रिय अवशेष अशा अनेक गोष्टी कचऱ्याच्या स्वरूपात वाया जातात. हा कचरा नष्ट करण्यासाठी खर्च होतो आणि त्यातून प्रदूषणही वाढते.

BSFL या समस्येवर निसर्गाने दिलेले एक प्रभावी उत्तर आहे. Black Soldier Fly ची अळी अत्यंत वेगाने वाढते आणि मोठ्या प्रमाणावर सेंद्रिय पदार्थांचे उच्च दर्जाच्या प्रथिनांमध्ये व चरबीत रूपांतर करते. साध्या भाषेत सांगायचे तर BSFL ही एक जैविक "कन्व्हर्जन मशीन" आहे.

एका लहान अळीचे वजन जन्माच्या वेळी अत्यंत कमी असते. एका तांदुळाच्या दाण्याच्या आकारात १०० BSFL मावतील एवढे लहान. पण योग्य परिस्थितीत काही दिवसांत ती स्वतःच्या सुरुवातीच्या वजनापेक्षा हजारो पट वाढू शकते. या वाढीसाठी ती मोठ्या प्रमाणावर सेंद्रिय कचरा खाते. परिणामी दोन मौल्यवान उत्पादने तयार होतात.

पहिले उत्पादन म्हणजे प्रथिने आणि चरबीने समृद्ध अळ्या. या अळ्यांचा वापर कुक्कुटपालन, मत्स्यपालन, पाळीव प्राणी उद्योग आणि भविष्यात अनेक पशुखाद्य उद्योगांमध्ये होऊ शकतो.

दुसरे उत्पादन म्हणजे फ्रास. फ्रास हे अळ्यांनी खाल्लेल्या पदार्थांचे जैविक अवशेष असतात. हा पदार्थ सेंद्रिय खत म्हणून वापरता येतो.

BSFL उद्योगाचे सर्वात मोठे वैशिष्ट्य म्हणजे तो कचऱ्याला संपत्तीमध्ये बदलतो. ज्या पदार्थाला समाज कचरा म्हणतो त्याच पदार्थापासून उत्पन्न निर्माण होते. त्यामुळे BSFL ही फक्त अळी नसून कचरा व्यवस्थापन, पशुखाद्य उत्पादन आणि सेंद्रिय शेती यांना जोडणारी एक संपूर्ण प्रणाली आहे.

आज जगातील अनेक देशांमध्ये BSFL उद्योगावर कोट्यवधी डॉलर्सची गुंतवणूक होत आहे. प्रथिनांची वाढती गरज, पशुखाद्याचे वाढते दर आणि पर्यावरणीय समस्या यामुळे भविष्यात BSFL चे महत्त्व आणखी वाढणार आहे.

शेतकऱ्यांच्या दृष्टीने पाहिले तर BSFL हा फक्त एक उद्योग नाही. तो शेती, गोपालन, कुक्कुटपालन, मत्स्यपालन आणि कचरा व्यवस्थापन यांना एकत्र जोडणारा पूल आहे. त्यामुळे येणाऱ्या काळात BSFL ला कृषी क्षेत्रातील महत्त्वाच्या तंत्रज्ञानांपैकी एक मानले जाईल.

ब्लॅक सोल्जर फ्लायचा इतिहास

आज जगभरात ब्लॅक सोल्जर फ्लाय (Black Soldier Fly - BSF) हे नाव पशुखाद्य, कचरा व्यवस्थापन आणि शाश्वत शेतीच्या संदर्भात मोठ्या प्रमाणावर घेतले जाते. परंतु काही दशकांपूर्वीपर्यंत ही एक सामान्य माशी म्हणूनच ओळखली जात होती. आज ज्या कीटकाला "भविष्यातील प्रथिनांचा स्रोत" म्हटले जाते, त्याचा इतिहास मात्र अनेक शतकांपूर्वी सुरू होतो.

ब्लॅक सोल्जर फ्लायचे शास्त्रीय नाव Hermetia illucens आहे. ही माशी मूळची मध्य आणि दक्षिण अमेरिकेतील उष्णकटिबंधीय प्रदेशातील प्रजाती मानली जाते. नैसर्गिक परिसंस्थेत ती सेंद्रिय पदार्थांचे विघटन करण्याचे महत्त्वाचे काम करत असे. जंगलात पडलेली फळे, कुजणारी वनस्पती, प्राण्यांचे मलमूत्र आणि इतर सेंद्रिय पदार्थ यांचे विघटन करून पर्यावरण स्वच्छ ठेवण्यात तिचा मोठा वाटा होता.

सन 1758 मध्ये प्रसिद्ध जीवशास्त्रज्ञ कार्ल लिनियस यांनी या प्रजातीची प्रथम वैज्ञानिक नोंद केली. त्या काळात तिचे वर्गीकरण वेगळ्या नावाने करण्यात आले होते. नंतर संशोधन आणि वर्गीकरणातील बदलांनंतर Hermetia illucens हे अधिकृत शास्त्रीय नाव निश्चित करण्यात आले.

पुढील दोनशे वर्षे या माशीबद्दल फारसे संशोधन झाले नाही. ती जगभरातील अनेक उष्ण आणि उपोष्ण प्रदेशांमध्ये नैसर्गिकरित्या पसरली. व्यापार, जहाज वाहतूक आणि मानवी स्थलांतर यामुळे ही प्रजाती आफ्रिका, आशिया, ऑस्ट्रेलिया आणि युरोपमधील अनेक भागांमध्ये पोहोचली. भारतातही ब्लॅक सोल्जर फ्लाय अनेक वर्षांपासून नैसर्गिकरीत्या अस्तित्वात आहे.

विसाव्या शतकाच्या उत्तरार्धात संशोधकांनी या माशीच्या अळ्यांचा सखोल अभ्यास सुरू केला. त्यावेळी एक अत्यंत महत्त्वाची गोष्ट लक्षात आली. ब्लॅक

सोल्जर फ्लायच्या अळ्या मोठ्या प्रमाणात सेंद्रिय कचरा खाऊन त्याचे उच्च दर्जाच्या प्रथिनांमध्ये आणि चरबीमध्ये रूपांतर करू शकतात. एवढेच नव्हे तर त्या इतर अनेक हानिकारक माशांच्या प्रजननालाही काही प्रमाणात आळा घालतात.

याच शोधामुळे ब्लॅक सोल्जर फ्लायकडे पाहण्याचा संपूर्ण दृष्टिकोन बदलला. जी माशी पूर्वी एक सामान्य कीटक समजली जात होती, ती अचानक कचरा व्यवस्थापन आणि पशुखाद्य क्षेत्रातील महत्त्वाची संसाधन म्हणून समोर आली.

सन 2000 नंतर जगभरात BSF वर मोठ्या प्रमाणावर संशोधन सुरू झाले. वाढती लोकसंख्या, पशुखाद्याच्या वाढत्या किमती, फिशमील आणि सोयाबीनवरील अवलंबित्व, तसेच सेंद्रिय कचऱ्याची वाढती समस्या या सर्व कारणांमुळे पर्यायी उपाय शोधण्याची गरज निर्माण झाली होती. ब्लॅक सोल्जर फ्लायने या सर्व समस्यांवर एकाच वेळी उत्तर देण्याची क्षमता दाखवली.

आज BSF अळ्यांचा वापर मत्स्यपालन, कुक्कुटपालन, डुक्करपालन, पाळीव प्राण्यांचे खाद्य, सेंद्रिय खत निर्मिती, कचरा व्यवस्थापन, जैवइंधन आणि विविध औद्योगिक उत्पादनांमध्ये केला जात आहे. जगातील अनेक देशांमध्ये हजारो टन सेंद्रिय कचरा दररोज BSF अळ्यांच्या मदतीने प्रक्रिया केला जातो.

भारतात BSF फार्मिंगची व्यावसायिक सुरुवात तुलनेने अलीकडील काळात झाली असली तरी या क्षेत्राकडे झपाट्याने लक्ष वेधले जात आहे. पशुखाद्याचा वाढता खर्च, सेंद्रिय शेतीची वाढती गरज आणि कचरा व्यवस्थापनाच्या समस्या लक्षात घेता BSF भारतीय शेती आणि पशुपालन क्षेत्रासाठी एक महत्त्वाची संधी ठरू शकते.

ब्लॅक सोल्जर फ्लायचा इतिहास हा केवळ एका माशीचा इतिहास नाही. हा निसर्गातील दुर्लक्षित संसाधन शोधून त्याला आर्थिक, पर्यावरणीय आणि सामाजिक मूल्य देण्याचा इतिहास आहे. शेकडो वर्षे सामान्य कीटक म्हणून

दुर्लक्षित राहिलेली ही माशी आज जगातील अन्नसुरक्षा, पशुखाद्य आणि कचरा व्यवस्थापन क्षेत्रात महत्त्वाची भूमिका बजावत आहे. भविष्यात तिचे महत्त्व आणखी वाढण्याची शक्यता तज्ज्ञ व्यक्त करत आहेत.

यामुळेच ब्लॅक सोल्जर फ्लायला अनेक संशोधक "भविष्यातील शेती आणि पशुखाद्य उद्योगातील शांत क्रांती" असे संबोधतात.

जगभरातील BSFL उद्योग

ब्लॅक सोल्जर फ्लाय लार्वा (BSFL) हा आज जगातील सर्वात वेगाने वाढणाऱ्या कृषी आणि जैवतंत्रज्ञान उद्योगांपैकी एक मानला जातो. काही वर्षांपूर्वी ज्याकडे केवळ सेंद्रिय कचरा व्यवस्थापन म्हणून पाहिले जात होते, तोच उद्योग आज अब्जावधी डॉलरच्या बाजारपेठेत रूपांतरित होत आहे. BSFL द्वारे सेंद्रिय कचऱ्याचे उच्च प्रथिनयुक्त खाद्य, तेल आणि सेंद्रिय खतामध्ये रूपांतर करता येत असल्यामुळे जगभरातील सरकारे, संशोधन संस्था आणि मोठ्या कंपन्या यामध्ये गुंतवणूक करत आहेत.

उद्योगाचा जागतिक विस्तार

युरोप हा सध्या BSFL उद्योगातील सर्वात प्रगत प्रदेश मानला जातो. नेदरलँड्स, फ्रान्स आणि डेन्मार्क या देशांमध्ये मोठ्या प्रमाणावर व्यावसायिक BSFL प्रकल्प उभे राहिले आहेत. युरोपमध्ये पर्यावरणपूरक नियम, कचरा व्यवस्थापन धोरणे आणि शाश्वत पशुखाद्याची वाढती मागणी यामुळे हा उद्योग वेगाने वाढला आहे.

आशिया हा सर्वात वेगाने वाढणारा प्रदेश आहे. चीन, भारत, व्हिएतनाम आणि इंडोनेशिया यांसारख्या देशांमध्ये मत्स्यपालन, कुक्कुटपालन आणि कचरा व्यवस्थापनासाठी BSFL चा वापर वाढत आहे. विशेषतः ज्या देशांमध्ये मोठ्या प्रमाणावर सेंद्रिय कचरा उपलब्ध आहे, तेथे BSFL उद्योगासाठी मोठी संधी निर्माण झाली आहे.

उत्तर अमेरिकेत प्रामुख्याने पाळीव प्राण्यांचे खाद्य, मत्स्यपालन आणि पर्यायी प्रथिन स्रोत यासाठी BSFL उद्योग विकसित होत आहे. अनेक मोठ्या खाद्य कंपन्या या क्षेत्रात गुंतवणूक करत आहेत.

जगातील प्रमुख BSFL कंपन्या

BSFL उद्योगामध्ये काही कंपन्यांनी जागतिक नेतृत्व मिळवले आहे.

- Protix (नेदरलँड्स)
- Innovafeed (फ्रान्स)
- Entobel
- Nutrition Technologies
- Hexafly

या कंपन्या दररोज हजारो टन सेंद्रिय पदार्थांचे प्रक्रिया करून प्रथिने, तेल आणि फ्रास (BSFL खत) तयार करतात.

जगातील सर्वात मोठे BSFL प्रकल्प

फ्रान्समधील Innovafeed चा प्रकल्प हा जगातील सर्वात मोठ्या BSFL उत्पादन केंद्रांपैकी एक मानला जातो. येथे अब्जावधी अळ्या नियंत्रित वातावरणात वाढवल्या जातात. संपूर्ण प्रक्रिया अत्यंत स्वयंचलित असून रोबोटिक्स, कृत्रिम बुद्धिमत्ता आणि डेटा व्यवस्थापनाचा वापर केला जातो.

लंडन, नेदरलँड्स, फ्रान्स आणि अमेरिकेत देखील मोठ्या प्रमाणावर BSFL प्रकल्प उभारले गेले आहेत. अनेक ठिकाणी BSFL उद्योग हा कचरा व्यवस्थापन आणि पशुखाद्य उद्योगाशी थेट जोडलेला आहे.

BSFL उद्योगाचे प्रमुख उत्पादन

BSFL उद्योग केवळ अळ्या विकत नाही.

मुख्य उत्पादने:

1. BSFL प्रथिन पावडर
2. वाळवलेल्या अळ्या
3. BSFL तेल
4. फ्रास (सेंद्रिय खत)
5. किटीन आणि त्यापासून तयार होणारी उत्पादने
6. मत्स्यपालनासाठी विशेष खाद्य
7. पाळीव प्राण्यांचे खाद्य

आज जगातील अनेक पशुखाद्य कंपन्या सोयाबीन आणि फिशमीलला पर्याय म्हणून BSFL प्रथिन वापरत आहेत.

उद्योगासमोरील आव्हाने

जरी BSFL उद्योग वेगाने वाढत असला तरी काही मोठी आव्हाने आहेत.

1. उत्पादन खर्च अजूनही जास्त आहे.
2. तापमान नियंत्रणासाठी ऊर्जा खर्च होतो.
3. अनेक देशांमध्ये नियम स्पष्ट नाहीत.
4. पारंपरिक सोयाबीन आणि फिशमीलपेक्षा किंमत जास्त पडते.
5. मोठ्या प्रमाणावर बाजारपेठ निर्माण करण्यासाठी वेळ लागतो.

काही मोठ्या कंपन्यांना आर्थिक अडचणींनाही सामोरे जावे लागले आहे. त्यामुळे तंत्रज्ञानाबरोबरच व्यवसाय मॉडेल मजबूत असणे आवश्यक आहे.

भारतासाठी संधी

भारत हा जगातील सर्वात मोठ्या BSFL बाजारांपैकी एक बनू शकतो.

कारणे:

1. प्रचंड सेंद्रिय कचरा उपलब्ध आहे.
2. मोठा कुक्कुटपालन उद्योग.
3. वाढते मत्स्यपालन.
4. सेंद्रिय खतांची वाढती मागणी.
5. पशुखाद्याचा वाढता खर्च.

भारतात अजून BSFL उद्योग सुरुवातीच्या टप्प्यात आहे. त्यामुळे येणाऱ्या दशकात हा उद्योग अनेक नवीन उद्योजकांसाठी मोठी संधी निर्माण करू शकतो.

भारतातील BSFL उद्योगाची सद्यस्थिती

भारतामध्ये Black Soldier Fly Larvae (BSFL) उद्योग अजून सुरुवातीच्या टप्प्यात असला तरी गेल्या काही वर्षांत त्याची वाढ वेगाने होत आहे. कुक्कुटपालन, मत्स्यपालन, पाळीव प्राणी खाद्य उद्योग, सेंद्रिय खत निर्मिती आणि सेंद्रिय कचरा व्यवस्थापन या क्षेत्रांमुळे BSFL ला मोठी मागणी निर्माण होत आहे. भारतात अद्याप BSFL साठी स्वतंत्र राष्ट्रीय धोरण किंवा स्पष्ट नियमावली नाही. मात्र FSSAI आणि DAHD या संस्था यासंदर्भात मार्गदर्शक तत्त्वे तयार करण्याच्या प्रक्रियेत आहेत. सध्या बहुतेक उत्पादक शेतीतील अवशेष, फळ-भाजीपाला प्रक्रिया उद्योगातील कचरा आणि इतर सेंद्रिय पदार्थांचा वापर करून BSFL उत्पादन करतात.

भारतातील BSFL उद्योगाची सर्वात मोठी ताकद म्हणजे देशात उपलब्ध असलेला प्रचंड सेंद्रिय कचरा. दररोज हजारो टन अन्नकचरा, बाजारातील टाकाऊ भाजीपाला, फळ प्रक्रिया उद्योगातील अवशेष आणि कृषी कचरा निर्माण होतो. हा कचरा BSFL च्या मदतीने उच्च प्रथिनयुक्त खाद्य आणि सेंद्रिय खतामध्ये रूपांतरित करता येतो. त्यामुळे BSFL उद्योगाला केवळ पशुखाद्य नव्हे तर कचरा व्यवस्थापन उद्योग म्हणूनही मोठी संधी उपलब्ध झाली आहे.

भारतात अनेक स्टार्टअप आणि कंपन्या या क्षेत्रात काम करत आहेत.

तमिळनाडूमधील KovaiBSF ही भारतातील सुरुवातीच्या BSFL कंपन्यांपैकी एक असून ती 2017 पासून कार्यरत आहे. कंपनी दरमहा हजारो किलो BSFL उत्पादन करते आणि सेंद्रिय कचरा प्रक्रिया करते.

2025 मध्ये BSFL उद्योगाला मोठी चालना मिळाली जेव्हा Mukka Proteins ने FABBCO या BSFL आधारित कंपनीतील बहुसंख्य हिस्सा विकत घेतला. या एकत्रीकरणानंतर कंपनीची BSFL आधारित कचरा प्रक्रिया क्षमता सुमारे 500

टन प्रतिदिन इतकी झाली. बंगळुरूमध्ये 300 टन प्रतिदिन क्षमतेचा प्रकल्पही सुरू करण्यात आला.

भारतातील गुंतवणूकदारांचेही या क्षेत्राकडे लक्ष वेधले जात आहे. GreenGrahi या भारतीय कीटक-प्रथिन स्टार्टअपने 2025 मध्ये सुमारे ₹32 कोटींची गुंतवणूक उभारली. तसेच Elmentoz Research या कंपनीने भारतातील सर्वात मोठ्या BSFL प्रथिन उत्पादन प्रकल्पासाठी निधी उभारला असून दरमहा 2,000 टन औद्योगिक अवशेष प्रक्रिया करण्याचे उद्दिष्ट ठेवले आहे.

तथापि उद्योगासमोर काही आव्हाने देखील आहेत:

- BSFL प्रथिनासाठी स्पष्ट सरकारी मान्यता आणि मानके अद्याप विकसित होत आहेत.
- पशुखाद्य उत्पादकांमध्ये जागरूकतेचा अभाव आहे.
- मोठ्या प्रमाणावर दर्जेदार अंडी आणि प्रजनन तंत्रज्ञान मर्यादित आहे.
- स्वयंचलित उत्पादन तंत्रज्ञान अजून महाग आहे.
- अनेक शेतकरी अजूनही BSFL ला "किडे" म्हणून पाहतात, उद्योग म्हणून नाही.

भविष्यात भारतातील BSFL उद्योग तीन प्रमुख क्षेत्रांमध्ये मोठा होऊ शकतो:

1. मत्स्यपालन आणि कुक्कुटपालनासाठी प्रथिनयुक्त खाद्य.
2. महानगरांमधील सेंद्रिय कचरा व्यवस्थापन.
3. फ्रास (Frass) आधारित सेंद्रिय खत उद्योग.

आजची वस्तुस्थिती अशी आहे की भारतातील BSFL उद्योग अजून बाल्यावस्थेत आहे, परंतु पुढील 10 ते 20 वर्षांत तो दुग्धव्यवसाय, कुक्कुटपालन आणि सेंद्रिय खत उद्योगाइतकाच महत्त्वाचा कृषी-आधारित उद्योग बनण्याची क्षमता ठेवतो.

भारतात अजून फार कमी व्यावसायिक उत्पादक आहेत. त्यामुळे या क्षेत्रात प्रवेश करणाऱ्यांसाठी संधी अजूनही मोठी आहे.

BSFL आणि कचरा व्यवस्थापन

आज जगासमोर उभ्या असलेल्या सर्वात मोठ्या समस्यांपैकी एक समस्या म्हणजे कचरा व्यवस्थापन. लोकसंख्या वाढत आहे, शहरे विस्तारत आहेत, उद्योग वाढत आहेत आणि त्याचबरोबर दररोज निर्माण होणाऱ्या कचऱ्याचे प्रमाणही प्रचंड वाढत आहे. या कचऱ्यामुळे दुर्गंधी, प्रदूषण, हरितगृह वायूंचे उत्सर्जन, रोगराई आणि पर्यावरणाचा ऱ्हास अशा अनेक समस्या निर्माण होत आहेत.

परंतु निसर्गात असा एक जीव आहे जो या समस्येचे मोठ्या प्रमाणात समाधान देऊ शकतो. तो म्हणजे Black Soldier Fly (BSF) आणि त्याची अळी (BSFL).

BSFL ला अनेक देशांमध्ये "Nature's Recycler" म्हणजेच निसर्गाचा पुनर्चक्रण करणारा जीव म्हटले जाते. कारण ही अळी विविध प्रकारचा सेंद्रिय कचरा अतिशय वेगाने खाऊन त्याचे उपयुक्त उत्पादनांमध्ये रूपांतर करते.

कचरा म्हणजे काय?

कचरा हा नेहमीच निरुपयोगी असतो असे नाही. अनेक वेळा कचरा म्हणजे चुकीच्या ठिकाणी पडलेले संसाधन असते.

उदाहरणार्थ:

- फळभाज्यांचा खराब झालेला माल
- हॉटेलमधील अन्नाचे उरलेले अवशेष
- बाजार समित्यांमधील कुजलेली फळे
- ऊस रस केंद्रातील चोथा
- बिअर उद्योगातील spent grain
- फळ प्रक्रिया उद्योगातील टाकाऊ भाग

- पोल्ट्री आणि डेअरी उद्योगातील काही जैविक अवशेष

हे सर्व पदार्थ योग्य पद्धतीने वापरल्यास BSFL साठी उत्तम खाद्य ठरू शकतात.

पारंपरिक कचरा व्यवस्थापनाच्या समस्या

सेंद्रिय कचरा व्यवस्थापनासाठी सामान्यतः तीन पद्धती वापरल्या जातात.

1. लँडफिल (Landfill)

बहुतेक शहरांमध्ये कचरा मोठ्या खड्ड्यांमध्ये टाकला जातो.

यामुळे:

- मिथेन वायू निर्माण होतो
- दुर्गंधी वाढते
- भूजल प्रदूषित होते
- मोठ्या जमिनी कायमस्वरूपी व्यापल्या जातात

2. जाळणे (Incineration)

कचरा जाळल्यामुळे:

- वायू प्रदूषण वाढते
- ऊर्जा खर्च होतो
- कार्बन उत्सर्जन वाढते

3. कंपोस्टिंग

कंपोस्टिंग ही चांगली पद्धत असली तरी:

- वेळ जास्त लागतो
- जागा जास्त लागते
- प्रक्रिया तुलनेने संथ असते

BSFL कसे बदल घडवते?

BSFL ची अळी जन्मल्यानंतर काही दिवसांतच मोठ्या प्रमाणावर अन्न खायला सुरुवात करते. एका किलो अळ्या दररोज अनेक किलो सेंद्रिय कचऱ्यावर प्रक्रिया करू शकतात.

ही प्रक्रिया करताना:

- कचऱ्याचे प्रमाण 50% ते 80% पर्यंत कमी होते.
- दुर्गंधी कमी होते.
- माशांचा त्रास कमी होतो.
- मिथेन निर्मिती मोठ्या प्रमाणात कमी होते.
- मौल्यवान प्रथिने आणि खत तयार होते.

म्हणजेच कचरा नाहीसा होत नाही, तर त्याचे मूल्यवर्धन होते.

BSFL कचऱ्याचे कोणत्या उत्पादनांमध्ये रूपांतर करते?

BSFL प्रक्रिया झाल्यानंतर मुख्यतः दोन गोष्टी मिळतात.

1. BSFL बायोमास

अळ्यांच्या शरीरामध्ये 35 ते 45% प्रथिने आणि 25 ते 35% चरबी असू शकते.

याचा वापर:

- कुक्कुटपालन
- मत्स्यपालन
- डुक्करपालन
- पाळीव प्राण्यांचे खाद्य

यामध्ये केला जातो.

2. फ्रास (Frass)

अळ्यांनी प्रक्रिया केलेल्या कचऱ्यापासून उरलेला पदार्थ फ्रास म्हणून ओळखला जातो.

फ्रासमध्ये:

- सेंद्रिय कार्बन
- सूक्ष्म अन्नद्रव्ये
- उपयुक्त सूक्ष्मजीव

असतात.

याचा वापर उत्कृष्ट सेंद्रिय खत म्हणून केला जातो.

शहरी भागातील BSFL ची भूमिका

मोठ्या शहरांमध्ये दररोज हजारो टन ओला कचरा निर्माण होतो.

जर हा कचरा:

- बाजार समित्या
- हॉटेल्स

- मॉल्स
- फळ प्रक्रिया उद्योग
- कँटीन

यांच्याकडून वेगळा गोळा करून BSFL युनिटमध्ये आणला गेला, तर कचऱ्याची समस्या मोठ्या प्रमाणात कमी होऊ शकते. आज अनेक देशांमध्ये BSFL आधारित कचरा प्रक्रिया केंद्रे कार्यरत आहेत.

ग्रामीण भागातील संधी

ग्रामीण भागातसुद्धा मोठ्या प्रमाणात जैविक कचरा उपलब्ध असतो.

उदाहरणार्थ:

- भाजीपाल्याचा खराब माल
- फळांचे अवशेष
- कृषी प्रक्रिया उद्योगातील टाकाऊ पदार्थ
- बाजारातील उरलेला माल

हा सर्व कचरा BSFL मार्फत मूल्यवान उत्पादनात बदलता येतो.

यामुळे:

- कचरा व्यवस्थापन होते
- पशुखाद्य तयार होते
- सेंद्रिय खत तयार होते
- अतिरिक्त उत्पन्न मिळते
- परिपत्र अर्थव्यवस्था (Circular Economy)

BSFL उद्योगाचे सर्वात मोठे वैशिष्ट्य म्हणजे तो परिपत्र अर्थव्यवस्थेचा उत्तम नमुना आहे.

कचरा → BSFL → प्रथिने + तेल + खत → शेती आणि पशुपालन → पुन्हा अन्न उत्पादन

असे पूर्ण चक्र तयार होते. यामध्ये कचरा हा समस्या न राहता संसाधन बनतो.

भविष्यातील महत्त्व

संयुक्त राष्ट्रसंघाच्या अंदाजानुसार पुढील दशकांमध्ये अन्न उत्पादन, पशुखाद्य आणि कचरा व्यवस्थापन या तिन्ही क्षेत्रांवर प्रचंड दबाव वाढणार आहे. अशा परिस्थितीत BSFL हे एकाच वेळी तीन समस्या सोडवणारे तंत्रज्ञान ठरू शकते.

1. सेंद्रिय कचरा कमी करणे
2. पर्यायी प्रथिनांचा स्रोत निर्माण करणे
3. सेंद्रिय खत निर्मिती करणे

म्हणूनच जगभरात BSFL ला केवळ एक कीटकपालन उद्योग म्हणून नाही, तर भविष्यातील शाश्वत कचरा व्यवस्थापन प्रणालीचा महत्त्वाचा घटक म्हणून पाहिले जात आहे.

BSFL आणि सर्क्युलर इकॉनॉमी

आज जगासमोर दोन मोठी आव्हाने आहेत. पहिले म्हणजे वाढणारा सेंद्रिय कचरा आणि दुसरे म्हणजे प्रथिनयुक्त पशुखाद्याची वाढती गरज. Black Soldier Fly Larvae (BSFL) ही अशी एक प्रणाली आहे जी या दोन्ही समस्यांचे एकाच वेळी समाधान देते. म्हणूनच BSFL ला सर्क्युलर इकॉनॉमीचे सर्वात यशस्वी उदाहरण मानले जाते.

BSFL – कचऱ्यातून संपन्नता, निसर्गासोबत शाश्वत प्रगती

सर्क्युलर इकॉनॉमी म्हणजे काय?

आपली सध्याची अर्थव्यवस्था बहुतेक वेळा "घेणे - वापरणे - फेकणे" (Take-Make-Dispose) या तत्त्वावर चालते.

उदाहरणार्थ:

- अन्न उत्पादन केले जाते.
- काही अन्न वापरले जाते.
- उरलेला कचरा फेकून दिला जातो.
- कचरा डेपो किंवा लँडफिलमध्ये जमा होतो.

या प्रक्रियेमध्ये मोठ्या प्रमाणावर संसाधनांचा अपव्यय होतो. सर्क्युलर इकॉनॉमीमध्ये मात्र कचऱ्यालाच नवीन संसाधनामध्ये रूपांतरित केले जाते.

म्हणजे:

कचरा → नवीन उत्पादन → नवीन मूल्यनिर्मिती

BSFL हे याच संकल्पनेचे सर्वोत्तम उदाहरण आहे.

BSFL सर्क्युलर इकॉनॉमीमध्ये कसे बसते?

BSFL जवळजवळ कोणत्याही सेंद्रिय कचऱ्याचे रूपांतर उच्च दर्जाच्या प्रथिनांमध्ये करू शकते.

उदाहरण:

- फळभाज्यांचा कचरा
- बाजार समितीतील उरलेला माल
- हॉटेलमधील अन्नकचरा
- फळ प्रक्रिया उद्योगातील उरलेले अवशेष
- ब्रुअरी व डिस्टिलरी वेस्ट
- पोल्ट्री व डेअरीतील सेंद्रिय अवशेष

हा सर्व कचरा BSFL ला खाद्य म्हणून दिला जातो. लार्वा हा कचरा खातात आणि त्याचे रूपांतर करतात:

- प्रथिनयुक्त लार्वा
- तेल
- फ्रास (सेंद्रिय खत)

म्हणजे जे कालपर्यंत कचरा होते ते आज मूल्यवान उत्पादन बनते.

कचऱ्यापासून पशुखाद्यापर्यंत

सध्या जगभरात पशुखाद्यासाठी मोठ्या प्रमाणावर सोयाबीन आणि फिशमील वापरले जाते.

यासाठी:

- हजारो एकर जमीन लागते.
- मोठ्या प्रमाणावर पाणी लागते.
- समुद्रातील मासेमारीवर ताण वाढतो.

BSFL मात्र:

- कमी जागेत वाढते.
- कमी पाणी वापरते.
- कचऱ्याचा वापर करते.

म्हणून BSFL हे भविष्यातील शाश्वत प्रथिन स्रोत मानले जाते.

डेअरी फार्ममधील सर्क्युलर इकॉनॉमी

एका दुग्ध व्यवसायाचे उदाहरण पाहू.

गाय:

शेण देते

उरलेले खाद्य देते

हे साहित्य:

→ कंपोस्टमध्ये जाऊ शकते

किंवा

→ BSFL उत्पादनात वापरता येते

BSFL तयार झाल्यानंतर:

- लार्वा कोंबड्यांना देता येतात.
- मासेपालनासाठी वापरता येतात.
- पाळीव प्राण्यांच्या खाद्यामध्ये वापरता येतात.

उरलेला फ्रास शेतात खत म्हणून वापरता येतो. अशा प्रकारे कचरा फार्ममधून बाहेर जात नाही. संपूर्ण चक्र फार्ममध्येच पूर्ण होते.

पोल्ट्री उद्योगातील संधी

पोल्ट्री उद्योगामध्ये:

- मृत पक्षी
- फुटलेली अंडी

- खाद्याचे अवशेष

यांचे व्यवस्थापन मोठे आव्हान असते.

BSFL या अवशेषांचे रूपांतर:

- लार्वामध्ये
- तेलामध्ये
- सेंद्रिय खतामध्ये

करू शकते. यामुळे कचरा व्यवस्थापन खर्च कमी होतो आणि अतिरिक्त उत्पन्न मिळते.

शहरांमधील कचरा व्यवस्थापन

भारतामध्ये दररोज लाखो टन ओला कचरा तयार होतो.

या कचऱ्याचा मोठा भाग:

- लँडफिलमध्ये जातो
- कुजतो
- मिथेन वायू तयार करतो

मिथेन हा कार्बन डायऑक्साइडपेक्षा अनेक पटीने अधिक घातक हरितगृह वायू आहे.

BSFL तंत्रज्ञान वापरल्यास:

- कचरा लवकर विघटित होतो.
- मिथेन निर्मिती कमी होते.

- लँडफिलवरील ताण कमी होतो.
- नवीन रोजगार निर्माण होतात.

कार्बन फूटप्रिंट कमी करण्यामध्ये BSFL ची भूमिका

BSFL उद्योगामुळे:

- सोयाबीन लागवडीवरील दबाव कमी होतो.
- फिशमीलवरील अवलंबित्व कमी होते.
- कचरा लँडफिलमध्ये जाणे कमी होते.
- वाहतूक खर्च कमी होतो.
- सेंद्रिय खत उपलब्ध होते.

यामुळे संपूर्ण कृषी व पशुपालन क्षेत्राचा कार्बन फूटप्रिंट कमी होऊ शकतो.

झिरो वेस्ट फार्मची संकल्पना

भविष्यातील आदर्श शेत असे असू शकते:

शेतातील कचरा

↓

BSFL युनिट

↓

लार्वा → कोंबड्या, मासे, पाळीव प्राणी

↓

फ्रास → शेतातील पिके

↓

पिकांचे अवशेष

↓

पुन्हा BSFL

हे चक्र सतत चालू राहते. कचरा शून्य आणि मूल्यनिर्मिती सतत.

भविष्यातील महत्त्व

जगभरातील सरकारे, संशोधन संस्था आणि मोठ्या कंपन्या BSFL कडे केवळ कीटकपालन म्हणून पाहत नाहीत.

त्या BSFL ला:

- कचरा व्यवस्थापन उपाय
- पर्यावरण संरक्षण साधन
- प्रथिन उत्पादन प्रणाली
- सर्क्युलर इकॉनॉमीचा आधारस्तंभ

म्हणून पाहत आहेत. पुढील काही दशकांमध्ये कचऱ्याचे संसाधनांमध्ये रूपांतर करणाऱ्या उद्योगांमध्ये BSFL अग्रस्थानी असण्याची शक्यता आहे.

BSFL बद्दलचे सामान्य गैरसमज आणि वास्तव

1. BSFL म्हणजे घरातील माशीच आहे

गैरसमज: ब्लॅक सोल्जर फ्लाय म्हणजे साधी घरमाशी (Housefly) आहे.

वास्तव: BSF ही घरमाशीपेक्षा पूर्णपणे वेगळी प्रजाती आहे. ती अन्नावर बसत नाही, रोग पसरवत नाही आणि माणसांना त्रास देत नाही.

2. BSFL रोग पसरवतात

गैरसमज: BSFL मुळे रोगांचा प्रसार होतो.

वास्तव: BSFL स्वतः रोग पसरवत नाहीत. उलट सेंद्रिय कचरा वेगाने विघटित करून हानिकारक जिवाणूंची संख्या कमी करण्यास मदत करतात. अनेक संशोधनांमध्ये BSFL चा वापर जैविक कचरा व्यवस्थापनासाठी सुरक्षित मानला गेला आहे.

3. BSFL चावतात किंवा डंख मारतात

गैरसमज: मोठी काळी माशी दिसते म्हणजे ती चावणार किंवा डंख मारणार.

वास्तव: प्रौढ Black Soldier Fly कडे डंख नसतो आणि ती चावतही नाही. त्यामुळे माणूस किंवा प्राण्यांना कोणताही धोका नसतो.

4. BSFL फार दुर्गंधी निर्माण करतात

गैरसमज: BSFL प्रकल्प म्हणजे प्रचंड घाण आणि दुर्गंधी.

वास्तव: योग्य व्यवस्थापन केल्यास BSFL कचरा वेगाने खातात आणि दुर्गंधी कमी करतात. खराब व्यवस्थापनामुळे वास येतो, BSFL मुळे नाही.

5. BSFL वाढवण्यासाठी खूप मोठी जागा लागते

गैरसमज: हा उद्योग फक्त मोठ्या कंपन्या किंवा मोठ्या शेतकऱ्यांसाठी आहे.

वास्तव: अगदी काही ट्रे किंवा ड्रमपासूनही BSFL उत्पादन सुरू करता येते. घरगुती, शेतकरी आणि औद्योगिक अशा सर्व स्तरांवर हा उद्योग शक्य आहे.

6. BSFL फक्त कचरा खातात त्यामुळे त्यांचे उत्पादन निकृष्ट असते

गैरसमज: कचऱ्यावर वाढलेले अळे जनावरांना खायला योग्य नसतात.

वास्तव: BSFL मध्ये 35% ते 45% प्रथिने आणि 25% ते 35% चरबी असू शकते. जगभरात कुक्कुटपालन, मत्स्यपालन आणि पाळीव प्राण्यांच्या खाद्यासाठी त्यांचा वापर वाढत आहे.

7. BSFL वाढवणे खूप अवघड आहे

गैरसमज: यासाठी अत्याधुनिक तंत्रज्ञान आणि मोठे शिक्षण आवश्यक आहे.

वास्तव: मूलभूत जीवशास्त्र समजून घेतल्यास BSFL उत्पादन तुलनेने सोपे आहे. योग्य तापमान, आर्द्रता आणि खाद्य उपलब्ध करून दिल्यास उत्पादन सहज घेता येते.

8. BSFL मुळे परिसरात माश्यांचा उपद्रव वाढतो

गैरसमज: BSFL प्रकल्प सुरू केला की हजारो माश्या घरात येतात.

वास्तव: BSF प्रौढ माश्या अन्न खात नाहीत आणि घरात शिरण्याची प्रवृत्ती कमी असते. अनेक वेळा BSFL ची उपस्थिती Housefly च्या संख्येत घट घडवून आणते.

9. BSFL हा फक्त तात्पुरता ट्रेंड आहे

गैरसमज: काही वर्षांनी हा उद्योग बंद पडेल.

वास्तव: जगभर वाढणारी पशुखाद्याची मागणी, कचरा व्यवस्थापनाची समस्या आणि शाश्वत शेतीची गरज यामुळे BSFL उद्योगाला दीर्घकालीन भविष्य आहे.

10. BSFL म्हणजे फक्त अळ्यांचे उत्पादन

गैरसमज: उत्पन्न फक्त अळ्या विकूनच मिळते.

वास्तव: BSFL मधून तीन प्रमुख उत्पादने मिळतात:

1. प्रथिनयुक्त अळ्या (Larvae)
2. तेल (BSFL Oil)
3. फ्रास (Frass Fertilizer)

म्हणून हा केवळ कीटकपालन उद्योग नसून कचऱ्यापासून खाद्य, खत आणि मूल्यवर्धित उत्पादने निर्माण करणारा सर्क्युलर इकॉनॉमीचा उत्कृष्ट नमुना आहे.

BSFL विरुद्ध घरमाशी (Housefly)

मुद्दा	Black Soldier Fly (BSF)	Housefly (घरमाशी)
शास्त्रीय नाव	Hermetia illucens	Musca domestica
रंग	काळसर, भुंग्यासारखी	करडी-राखाडी
अन्न सेवन (प्रौढ अवस्था)	जवळपास खात नाही	सतत खात राहते
रोग प्रसार	रोग पसरवत नाही असे मानले जाते	अनेक रोगांचे वाहक
माणसांना त्रास	चावत नाही, त्रास देत नाही	अन्नावर बसते, त्रास देते
अंडी घालण्याची जागा	कुजणाऱ्या सेंद्रिय पदार्थांच्या जवळ	कचरा, विष्ठा, अन्न

लार्वाचा उपयोग	पशुखाद्य, कचरा व्यवस्थापन	व्यावसायिक उपयोग जवळपास नाही
शेतीतील उपयोग	अत्यंत उपयुक्त	उपयुक्त नाही

बहुतेक लोकांना सुरुवातीला वाटते की BSFL म्हणजेच घरमाशीचा प्रकार. प्रत्यक्षात या दोन्ही माश्या पूर्णपणे वेगळ्या आहेत.

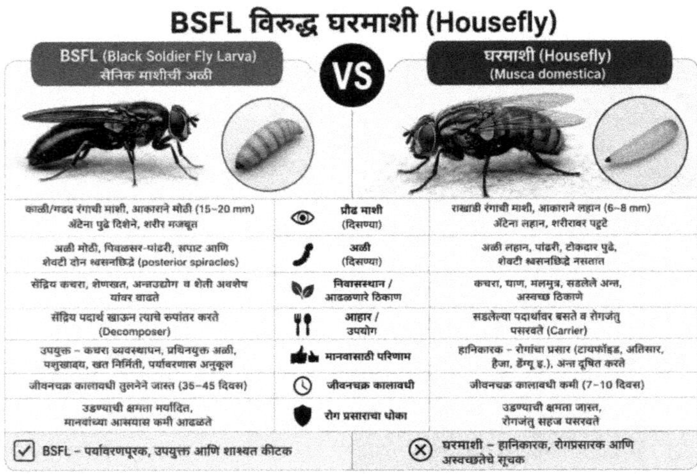

BSFL माणसांसाठी सुरक्षित का मानली जाते?

BSF ची प्रौढ माशी तोंडाची रचना अत्यंत साधी असल्यामुळे ती अन्न खात नाही, रक्त शोषत नाही आणि प्राण्यांवर किंवा माणसांवर बसून रोग पसरवण्याची शक्यता अत्यंत कमी असते. तिचे मुख्य काम म्हणजे प्रजनन करणे आणि अंडी घालणे.

याउलट घरमाशी सतत अन्न, विष्ठा, कचरा आणि स्वयंपाकघर यांमध्ये फिरत असते. त्यामुळे ती विविध जिवाणू आणि रोगकारक घटक एका ठिकाणाहून दुसऱ्या ठिकाणी नेऊ शकते.

BSFL आल्यावर घरमाश्या कमी होतात

BSFL उद्योगातील एक महत्त्वाचे निरीक्षण म्हणजे एखाद्या सेंद्रिय कचऱ्यावर BSFL लार्वा मोठ्या प्रमाणात वाढले तर घरमाश्यांना त्या कचऱ्यावर अंडी घालण्यासाठी कमी जागा मिळते. त्यामुळे अनेक वेळा घरमाश्यांची संख्या कमी झालेली दिसते.

म्हणूनच जगभरात BSFL ला "कचऱ्याचे प्रथिनांमध्ये रूपांतर करणारा कीटक" म्हणून पाहिले जाते, तर घरमाशीला "रोग प्रसाराशी संबंधित उपद्रवी कीटक" म्हणून.

सर्वात मोठा गैरसमज

लोकांना BSFL युनिट पाहिल्यावर काळी माशी दिसते आणि लगेच "घरमाश्या वाढवत आहेत" असे वाटते. प्रत्यक्षात BSF आणि घरमाशी यांचा संबंध तितकाच आहे जितका गाय आणि हरिण यांचा. दोन्ही प्राणी असले तरी त्यांचे वर्तन, उपयोग आणि पर्यावरणातील भूमिका पूर्णपणे वेगळी आहे.

BSFL ही कचरा व्यवस्थापन, पशुखाद्य निर्मिती आणि सर्क्युलर इकॉनॉमीसाठी जगभर स्वीकारली जात असलेली जैविक तंत्रज्ञान प्रणाली आहे, तर घरमाशी ही मुख्यतः सार्वजनिक आरोग्याच्या दृष्टीने समस्या मानली जाते.

जीवशास्त्र

Black Soldier Fly चे वर्गीकरण

कोणत्याही सजीवाचा अभ्यास करताना त्याचे शास्त्रीय वर्गीकरण समजून घेणे महत्त्वाचे असते. यामुळे त्या जीवाचे इतर जीवांशी असलेले नाते, त्याची उत्क्रांती आणि जैविक वैशिष्ट्ये समजण्यास मदत होते.

Black Soldier Fly चे शास्त्रीय वर्गीकरण खालीलप्रमाणे आहे:

- राज्य (Kingdom): Animalia
- संघ (Phylum): Arthropoda
- वर्ग (Class): Insecta
- गण (Order): Diptera
- कुळ (Family): Stratiomyidae
- वंश (Genus): Hermetia
- प्रजाती (Species): Hermetia illucens

BSF हा Diptera गणातील कीटक आहे. Diptera या शब्दाचा अर्थ "दोन पंख असलेले" असा होतो. याच गणामध्ये घरमाशी, डास आणि इतर अनेक माश्यांचा समावेश होतो. मात्र BSF चे वर्तन आणि जीवनपद्धती इतर बहुतेक माश्यांपेक्षा वेगळी आहे.

BSF हा Stratiomyidae या कुळातील सदस्य आहे. या कुळातील कीटकांना सामान्यतः Soldier Flies असे म्हणतात. Black Soldier Fly हा या कुळातील सर्वात प्रसिद्ध आणि आर्थिकदृष्ट्या महत्त्वाचा कीटक मानला जातो.

प्रौढ BSF साधारणतः काळ्या रंगाचा असतो. त्याचे शरीर लांबट आणि सडपातळ असते. त्याच्या शरीरावर काही भागांमध्ये पारदर्शक किंवा पांढऱ्या रंगाचे ठिपके दिसतात. पहिल्यांदा पाहिल्यावर तो एखाद्या लहान गांधीलमाशीप्रमाणे वाटू

शकतो. ही नैसर्गिक नक्कल (mimicry) त्याला पक्षी आणि इतर भक्षकांपासून संरक्षण मिळवून देते.

BSF च्या जीवशास्त्रातील सर्वात महत्त्वाची गोष्ट म्हणजे प्रौढ माशी अन्न खात नाही. तिचे संपूर्ण लक्ष प्रजननावर असते. त्यामुळे ती माणसांच्या अन्नपदार्थांवर बसत नाही, रोग पसरवत नाही आणि घरमाशीसारखा त्रास देत नाही. याच कारणामुळे BSF ला पर्यावरणपूरक आणि सुरक्षित कीटक मानले जाते.

आज जगभरातील संशोधक BSF कडे केवळ एक कीटक म्हणून पाहत नाहीत, तर भविष्यातील प्रथिनांचा स्रोत, कचरा व्यवस्थापनाचे साधन आणि सर्क्युलर इकॉनॉमीचा महत्त्वाचा घटक म्हणून पाहतात. त्यामुळे त्याचे वर्गीकरण समजून घेणे ही BSFL फार्मिंगच्या अभ्यासाची पहिली पायरी आहे.

जीवनचक्र

Black Soldier Fly (BSF) चे संपूर्ण जीवनचक्र हे निसर्गातील सर्वात कार्यक्षम जैविक प्रक्रियांपैकी एक मानले जाते. अंड्यापासून सुरुवात होऊन अळी, प्रीप्युपा, प्युपा आणि प्रौढ माशी अशा विविध अवस्थांमधून हा कीटक प्रवास करतो. प्रत्येक अवस्थेचे कार्य वेगळे असते आणि प्रत्येक अवस्था BSFL फार्मिंगमध्ये महत्त्वाची भूमिका बजावते.

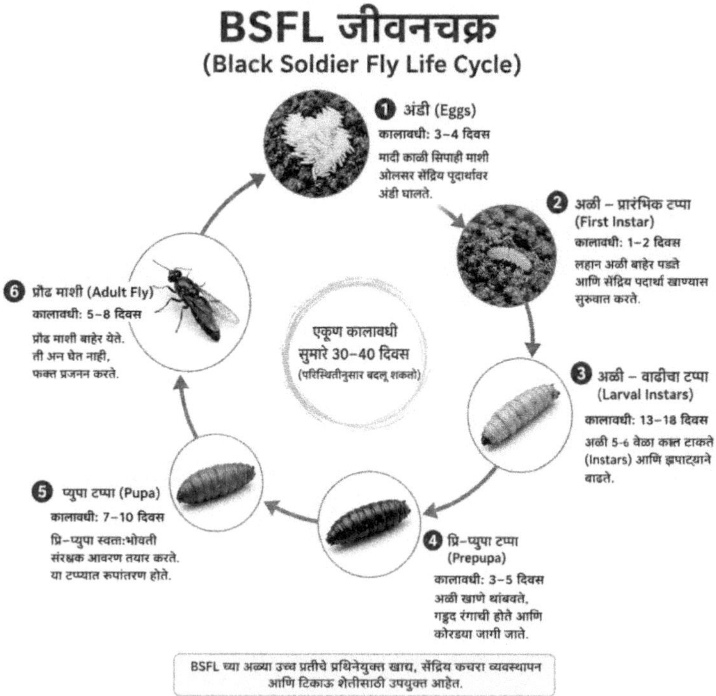

BSF हा पूर्ण रूपांतरण (Complete Metamorphosis) होणारा कीटक आहे. म्हणजेच त्याच्या जीवनातील प्रत्येक अवस्था दिसायला, वागायला आणि कार्य करायला पूर्णपणे वेगळी असते. फुलपाखरू जसे अळीपासून तयार होते, त्याच प्रकारे BSF देखील अनेक बदलांमधून प्रौढ माशी बनतो.

जीवनचक्राची सुरुवात अंड्यापासून होते. मादी BSF योग्य जागा शोधून शेकडो अंडी घालते. काही दिवसांत त्यातून अतिशय लहान अळ्या बाहेर पडतात. या अळ्या लगेच खाण्यास सुरुवात करतात आणि त्यांच्या आयुष्यातील सर्वात महत्त्वाच्या टप्प्यात प्रवेश करतात.

अळी अवस्था ही संपूर्ण जीवनचक्रातील सर्वात सक्रिय आणि आर्थिकदृष्ट्या सर्वात महत्त्वाची अवस्था असते. या काळात अळ्या प्रचंड प्रमाणात सेंद्रिय पदार्थ खातात. फळभाज्यांचा कचरा, अन्नकचरा, शेण, कृषी अवशेष आणि इतर जैविक पदार्थांचे त्या जलद विघटन करतात. अन्नातील पोषकद्रव्यांचे रूपांतर त्या स्वतःच्या शरीरातील प्रथिने आणि चरबीमध्ये करतात. याच कारणामुळे BSFL हे उच्च प्रतीचे पशुखाद्य म्हणून वापरले जाते.

वाढ पूर्ण झाल्यानंतर अळी प्रीप्युपा अवस्थेत प्रवेश करते. या वेळी तिचा रंग पांढरट किंवा क्रीम रंगातून गडद तपकिरी किंवा काळपट होतो. अळी खाणे जवळजवळ बंद करते आणि सुरक्षित, कोरडी जागा शोधण्यास सुरुवात करते. निसर्गात हा टप्पा पुढील रूपांतरणासाठी तयारीचा असतो.

त्यानंतर प्रीप्युपा प्युपामध्ये रूपांतरित होते. प्युपा अवस्थेत बाहेरून फारशी हालचाल दिसत नाही, परंतु आतमध्ये मोठ्या प्रमाणात जैविक बदल सुरू असतात. अळीचे शरीर विघटित होऊन त्यातून पूर्णपणे नवीन रचना असलेली प्रौढ माशी तयार होत असते.

काही दिवसांनंतर प्युपामधून प्रौढ Black Soldier Fly बाहेर येते. या अवस्थेत तिचे मुख्य कार्य प्रजनन करणे असते. प्रौढ माशी अन्न खात नाही. अळी अवस्थेत साठवलेल्या ऊर्जेवर ती संपूर्ण आयुष्य जगते. नर आणि मादी यांचे संयोग होतात, मादी पुन्हा अंडी घालते आणि नवीन पिढीची सुरुवात होते.

तापमान, आर्द्रता, अन्नाची उपलब्धता आणि व्यवस्थापन यांवर BSF चे जीवनचक्र अवलंबून असते. आदर्श परिस्थितीत अंड्यापासून प्रौढ माशी होण्यासाठी साधारणतः 35 ते 45 दिवस लागतात. थंड हवामानात हा कालावधी वाढू शकतो, तर उष्ण आणि अनुकूल परिस्थितीत तो कमी होऊ शकतो.

BSFL फार्मिंगमध्ये सर्वाधिक महत्त्व अळी अवस्थेला असले तरी यशस्वी उत्पादनासाठी संपूर्ण जीवनचक्र समजणे आवश्यक आहे. अंडी, अळी, प्रीप्युपा, प्युपा आणि प्रौढ माशी या प्रत्येक टप्प्याचे योग्य व्यवस्थापन केल्यास सातत्याने उत्पादन घेता येते आणि फार्म स्वतःच्या अंड्यांवर चालवता येतो.

BSF चे जीवनचक्र हे निसर्गाच्या कार्यक्षमतेचे एक उत्कृष्ट उदाहरण आहे. कचऱ्याचे प्रथिनांमध्ये रूपांतर, पर्यावरणाचे संवर्धन आणि नवीन जीवनाची निर्मिती या सर्व प्रक्रिया या एका छोट्या कीटकाच्या जीवनचक्रात पाहायला मिळतात.

अंडे अवस्था

Black Soldier Fly च्या जीवनचक्रातील पहिली अवस्था म्हणजे अंडे. संपूर्ण उत्पादन व्यवस्थेचा पाया याच अवस्थेवर अवलंबून असतो. अंडी निरोगी असतील, योग्य प्रमाणात उबतील आणि त्यातून सक्षम अळ्या बाहेर पडतील तर पुढील सर्व टप्पे यशस्वी होतात. त्यामुळे BSFL फार्मिंगमध्ये अंड्यांचे जीवशास्त्र समजून घेणे अत्यंत महत्त्वाचे आहे.

मादी Black Soldier Fly प्रजननानंतर साधारणतः दोन ते तीन दिवसांत अंडी घालण्यास सुरुवात करते. ती अंडी थेट कचऱ्यावर किंवा ओलसर पदार्थांमध्ये घालत नाही. त्याऐवजी कचऱ्याच्या अगदी जवळ असलेल्या कोरड्या फटी, भेगा किंवा अरुंद जागा निवडते. निसर्गात झाडांची साल, लाकडातील भेगा किंवा सुकलेल्या पदार्थांतील फटी यासाठी वापरल्या जातात. फार्मिंगमध्ये लाकडी पट्ट्या, कार्डबोर्ड किंवा विशेष अंडी संकलन साधने वापरली जातात.

एक मादी साधारणतः 500 ते 900 अंडी घालू शकते. काही अनुकूल परिस्थितींमध्ये हा आकडा हजाराच्या आसपासही जाऊ शकतो. ही अंडी एका गटामध्ये चिकटलेली असतात. त्यामुळे त्यांचा आकार एखाद्या छोट्या पिवळसर किंवा क्रीम रंगाच्या कणासारखा दिसतो.

BSF ची अंडी अतिशय लहान असतात. प्रत्येक अंड्याची लांबी साधारणतः 1 मिलिमीटरपेक्षाही कमी असते. उघड्या डोळ्यांनी पाहिल्यास ती तांदळाच्या बारीक

कणांप्रमाणे दिसतात. नुकतीच घातलेली अंडी फिकट पिवळी किंवा क्रीम रंगाची असतात. उबण्याची वेळ जवळ आली की त्यांचा रंग किंचित गडद होऊ लागतो.

अंडी उबण्यासाठी योग्य तापमान आणि आर्द्रता आवश्यक असते. साधारणतः 27°C ते 32°C तापमान आणि 60% ते 80% आर्द्रता अंड्यांच्या विकासासाठी चांगली मानली जाते. खूप कमी आर्द्रता असल्यास अंडी कोरडी पडू शकतात, तर जास्त ओलावा असल्यास बुरशी किंवा इतर सूक्ष्मजीवांचा प्रादुर्भाव होऊ शकतो.

अनुकूल परिस्थितीत अंडी साधारणतः 3 ते 5 दिवसांत उबतात. थंड हवामानात हा कालावधी 7 दिवस किंवा त्याहून अधिक वाढू शकतो. अंड्यातील भ्रूण विकसित होत असताना बाहेरून कोणतीही हालचाल दिसत नाही, परंतु आतमध्ये नवीन अळीची संपूर्ण निर्मिती सुरू असते.

अंडी उबल्यानंतर त्यातून अतिशय सूक्ष्म अळ्या बाहेर पडतात. या नवजात अळ्यांचा आकार काही मिलिमीटर इतकाच असतो. बाहेर पडताच त्या जवळच्या अन्नस्रोताकडे सरकतात आणि खाण्यास सुरुवात करतात. अंड्यामधून बाहेर पडल्यापासून त्यांची वाढ अतिशय वेगाने होते.

BSFL फार्मिंगमध्ये अंड्यांची गुणवत्ता हा उत्पादनाचा महत्त्वाचा निर्देशक मानला जातो. निरोगी पालक माश्या, योग्य प्रजनन व्यवस्था, पुरेसा प्रकाश, योग्य तापमान आणि संतुलित आर्द्रता यांमुळे अधिक अंडी मिळतात आणि त्यांची उबण्याची टक्केवारीही वाढते.

व्यावसायिक फार्ममध्ये अंड्यांचे वजन करून त्यांचे मोजमाप केले जाते. साधारणतः एक ग्रॅम BSF अंड्यांमध्ये 35,000 ते 45,000 अंडी असू शकतात. त्यामुळे अगदी काही ग्रॅम अंड्यांपासून लाखो अळ्यांचे उत्पादन घेणे शक्य होते.

अंडे ही अवस्था आकाराने लहान आणि कालावधीने कमी असली तरी संपूर्ण BSFL उत्पादन व्यवस्थेतील सर्वात महत्त्वाच्या टप्प्यांपैकी एक आहे. याच अवस्थेत पुढील पिढीची सुरुवात होते. प्रत्येक यशस्वी BSFL फार्मच्या मागे मोठ्या प्रमाणात निरोगी आणि उच्च उबण्याची क्षमता असलेली अंडी असतात.

नवजात अळी अवस्था (Neonates)

Black Soldier Fly च्या जीवनचक्रातील सर्वात नाजूक आणि महत्त्वाच्या टप्प्यांपैकी एक म्हणजे नवजात अळी अवस्था. अंडे उबल्यानंतर बाहेर पडणाऱ्या या सूक्ष्म अळ्या पुढे जाऊन मोठ्या प्रमाणात सेंद्रिय कचऱ्याचे रूपांतर प्रथिने आणि चरबीमध्ये करतात. त्यामुळे BSFL उत्पादन व्यवस्थेतील हा टप्पा विशेष लक्ष देण्यासारखा असतो.

ही अळी खूपच लहान, पांढरी/क्रीम रंगाची आणि खूप सक्रिय असते.
ती त्वरित अन्न शोधून खाण्यास सुरूवात करते.

अंड्यातून बाहेर पडणारी अळी अत्यंत लहान असते. तिची लांबी साधारणतः 1 ते 2 मिलिमीटर असते. रंग फिकट पांढरा किंवा पारदर्शक असतो. शरीर मऊ, नाजूक आणि अतिशय हलके असते. या अवस्थेत अळीची हालचाल वेगवान असते कारण तिला शक्य तितक्या लवकर अन्न शोधणे आवश्यक असते.

निसर्गाने या अळीला जन्मतःच एकच उद्दिष्ट दिलेले असते, ते म्हणजे खाणे आणि वाढणे. अंड्यातून बाहेर पडल्याबरोबर ती आसपासच्या सेंद्रिय पदार्थांकडे सरकते.

काही तासांच्या आत खाण्यास सुरुवात न झाल्यास तिच्या जिवंत राहण्याची शक्यता कमी होते.

नवजात अळींची पचनसंस्था जन्मापासूनच सक्रिय असते. फळांचा गर, भाज्यांचा लगदा, अन्नकचरा किंवा इतर मऊ सेंद्रिय पदार्थ हे त्यांच्यासाठी योग्य अन्न असते. या काळात अतिशय कोरडे किंवा अतिशय जाड पदार्थ अळ्यांना सहज पचत नाहीत. त्यामुळे फार्मिंगमध्ये सुरुवातीच्या टप्प्यात मऊ आणि ओलसर खाद्य दिले जाते.

अळी जसजशी अन्न खाते तसतशी तिची वाढ सुरू होते. जीवनाच्या पहिल्या काही दिवसांत शरीराचा आकार अनेक पटींनी वाढतो. हा वाढीचा वेग प्राणीजगतातील सर्वात प्रभावी वाढींपैकी एक मानला जातो. अंड्यातून बाहेर पडलेली सूक्ष्म अळी काही आठवड्यांत हजारो पट वजन वाढवू शकते.

नवजात अळ्या प्रकाश टाळण्याचा प्रयत्न करतात. त्या नैसर्गिकरित्या अन्नाच्या आत किंवा ओलसर पदार्थांच्या खाली राहतात. यामुळे त्यांना सूर्यप्रकाश, कोरडेपणा आणि भक्षकांपासून संरक्षण मिळते. BSFL फार्ममध्येही या अवस्थेत थेट सूर्यप्रकाश टाळला जातो.

तापमानाचा या टप्प्यावर मोठा परिणाम होतो. साधारणतः 27°C ते 32°C तापमानात अळ्यांची वाढ उत्तम होते. कमी तापमानात अन्न सेवन कमी होते आणि वाढ मंदावते. खूप जास्त तापमानामुळे मृत्यूदर वाढू शकतो.

आर्द्रताही तितकीच महत्त्वाची असते. नवजात अळ्यांचे शरीर लवकर कोरडे पडू शकते. त्यामुळे अन्नामध्ये पुरेसा ओलावा असणे आवश्यक असते. मात्र अति ओलसर परिस्थितीत ऑक्सिजनची कमतरता निर्माण होऊन अळ्यांना त्रास होऊ शकतो.

या अवस्थेत अळ्या अनेक वेळा कात टाकतात. शरीर वाढत असताना बाह्य आवरण मर्यादित पडते, त्यामुळे नवीन आणि मोठे आवरण तयार करण्यासाठी जुन्या आवरणाचा त्याग केला जातो. ही प्रक्रिया पुढील वाढीसाठी आवश्यक असते.

व्यावसायिक BSFL उत्पादनात नवजात अळ्यांचे व्यवस्थापन अत्यंत काळजीपूर्वक केले जाते. अंड्यांमधून बाहेर पडलेल्या अळ्यांना सुरुवातीचे योग्य खाद्य, संतुलित तापमान आणि योग्य आर्द्रता मिळाली तर पुढील उत्पादनक्षमता मोठ्या प्रमाणात वाढते. या टप्प्यात झालेली चूक पुढील संपूर्ण बॅचच्या वाढीवर परिणाम करू शकते.

नवजात अळी आकाराने अत्यंत लहान असली तरी तिच्यामध्ये भविष्यातील संपूर्ण उत्पादनाची क्षमता दडलेली असते. काही दिवसांपूर्वी एका सूक्ष्म अंड्यात असलेला जीव आता वेगाने वाढू लागतो आणि पुढील काही आठवड्यांत सेंद्रिय कचऱ्याचे मूल्यवान जैवसंपत्तीमध्ये रूपांतर करण्यासाठी सज्ज होतो. म्हणूनच नवजात अळी अवस्था ही BSF च्या जीवनचक्रातील सर्वात संवेदनशील आणि सर्वात आशादायक सुरुवात मानली जाते.

वाढणारी अळी अवस्था

Black Soldier Fly च्या संपूर्ण जीवनचक्रात सर्वात महत्त्वाची, सर्वात सक्रिय आणि आर्थिकदृष्ट्या सर्वात मूल्यवान अवस्था म्हणजे वाढणारी अळी अवस्था. BSFL फार्मिंगचे संपूर्ण अर्थशास्त्र, उत्पादन क्षमता आणि पर्यावरणीय महत्त्व याच टप्प्यावर आधारित असते. अळी जितकी चांगली वाढेल तितके अधिक प्रथिन, अधिक चरबी आणि अधिक सेंद्रिय कचरा प्रक्रिया करण्याची क्षमता निर्माण होते.

नवजात अळी काही दिवसांची झाल्यानंतर ती वाढणाऱ्या अळीच्या अवस्थेत प्रवेश करते. या काळात तिच्या शरीरात झपाट्याने वाढ होते. सुरुवातीला काही मिलिमीटर असलेली अळी पुढील दोन ते तीन आठवड्यांत अनेक पट मोठी होते. तिचा रंग फिकट क्रीम, पिवळसर किंवा पांढरट दिसतो.

या अवस्थेचे एकमेव उद्दिष्ट म्हणजे जास्तीत जास्त अन्न खाणे आणि ऊर्जा साठवणे. प्रौढ माशी अन्न खात नसल्यामुळे संपूर्ण जीवनासाठी आवश्यक असलेली ऊर्जा अळी अवस्थेतच जमा केली जाते. त्यामुळे अळीचे शरीर हे जणू नैसर्गिक जैविक "ऊर्जा बँक" बनते.

वाढणाऱ्या अळ्यांची भूक प्रचंड असते. त्या फळभाज्यांचा कचरा, अन्न प्रक्रिया उद्योगातील अवशेष, शेण, कृषी अवशेष आणि विविध सेंद्रिय पदार्थ वेगाने खाऊ शकतात. हजारो अळ्या एकत्र असताना त्या काही दिवसांत मोठ्या प्रमाणातील कचरा कमी करू शकतात. यामुळे BSFL ला जगातील सर्वात प्रभावी जैविक कचरा प्रक्रिया करणाऱ्या जीवांपैकी एक मानले जाते.

अळी जे अन्न खाते त्यातील पोषकद्रव्यांचे रूपांतर तिच्या शरीरातील प्रथिने, चरबी आणि इतर जैविक घटकांमध्ये होते. याच कारणामुळे BSFL हे कोंबड्या, मासे, डुकरे आणि इतर पशुपालन व्यवसायांसाठी उत्कृष्ट खाद्य मानले जाते. अनेक संशोधनांमध्ये BSFL मध्ये उच्च दर्जाची प्रथिने आणि उपयुक्त फॅटी ॲसिड आढळून आली आहेत.

या काळात अळी अनेक वेळा कात टाकते. शरीराची वाढ होत असताना बाहेरील कठीण आवरण मर्यादा निर्माण करते. त्यामुळे जुने आवरण टाकून नवीन आवरण तयार केले जाते. प्रत्येक कात टाकल्यानंतर अळीचा आकार वाढलेला दिसतो.

तापमान वाढीच्या वेगावर मोठा परिणाम करते. साधारणतः 27°C ते 32°C तापमानात वाढ सर्वाधिक वेगाने होते. अनुकूल परिस्थितीत अळ्या दररोज मोठ्या

प्रमाणात वजन वाढवतात. कमी तापमानात वाढ मंदावते, तर खूप जास्त तापमान ताण निर्माण करू शकते.

आर्द्रतेचेही महत्त्व कमी नाही. खाद्यामध्ये साधारणतः 60 ते 70 टक्के ओलावा असल्यास अळ्यांची वाढ उत्तम होते. खूप कोरडे खाद्य असल्यास अन्न सेवन कमी होते, तर अतिशय ओलसर खाद्यात ऑक्सिजनची कमतरता निर्माण होऊ शकते.

वाढणाऱ्या अळ्यांचे आणखी एक वैशिष्ट्य म्हणजे त्यांच्यामुळे निर्माण होणारी उष्णता. हजारो किंवा लाखो अळ्या एकत्र अन्न खात असताना त्यांच्या चयापचय प्रक्रियेमुळे उष्णता निर्माण होते. मोठ्या उत्पादन युनिटमध्ये खाद्याच्या मध्यभागी तापमान बाहेरील तापमानापेक्षा अनेक अंशांनी जास्त असू शकते.

या अवस्थेत अळ्या सतत हालचाल करत असल्यामुळे खाद्य ढवळले जाते, त्यामध्ये हवा खेळती राहते आणि विघटन प्रक्रिया वेगवान होते. त्यामुळे दुर्गंधी कमी होते आणि कचऱ्याचे रूपांतर अधिक कार्यक्षमतेने होते.

BSFL उत्पादनामध्ये सर्वाधिक हार्वेस्टिंग याच अवस्थेच्या शेवटी केली जाते. कारण या वेळी अळीच्या शरीरात प्रथिने आणि चरबीचे प्रमाण उच्च स्तरावर असते. पशुखाद्य, मत्स्यखाद्य किंवा इतर औद्योगिक वापरासाठी ही अवस्था सर्वात योग्य मानली जाते.

वाढणारी अळी ही निसर्गाच्या कार्यक्षमतेचे अद्भुत उदाहरण आहे. काही दिवसांपूर्वी डोळ्यांना जवळजवळ न दिसणारी अळी आता प्रचंड प्रमाणात जैविक पदार्थांचे रूपांतर मूल्यवान पोषणद्रव्यांमध्ये करत असते. म्हणूनच BSFL फार्मिंगचा खरा केंद्रबिंदू आणि सर्वात महत्त्वाचा टप्पा म्हणजे वाढणारी अळी अवस्था होय.

प्रीप्युपा अवस्था.

Black Soldier Fly च्या जीवनचक्रातील सर्वात रंजक आणि सहज ओळखता येणारी अवस्था म्हणजे प्रीप्युपा अवस्था. वाढणारी अळी तिची वाढ पूर्ण केल्यानंतर या टप्प्यात प्रवेश करते. हा टप्पा म्हणजे अळीच्या सक्रिय जीवनाचा शेवट आणि प्रौढ माशी बनण्याच्या प्रवासाची सुरुवात होय.

BSFL प्री-प्यूपा (Prepupae)

(Black Soldier Fly Life Stage)

प्री-प्यूपा हा BSFL च्या जीवनचक्रातील चौथा टप्पा आहे.

- कालावधी: 3-5 दिवस
- आकार: ~15-20 मि.मी.
- रंग: गडद तपकिरी ते काळा
- या अवस्थेत अळी खाणे थांबवते.
- शरीर घटट व गडद रंगाचे होते.
- लवकरच प्यूपा अवस्थेत रूपांतर होते.

अळी अनेक दिवस सतत अन्न खाऊन तिच्या शरीरात भरपूर ऊर्जा साठवते. एक विशिष्ट आकार आणि वजन गाठल्यानंतर तिच्या शरीरात हार्मोनल बदल सुरू होतात. यानंतर अळी खाणे कमी करते आणि अखेरीस पूर्णपणे बंद करते. हीच वाढणाऱ्या अळीपासून प्रीप्युपाकडे होणारी पहिली मोठी संक्रमण प्रक्रिया असते.

प्रीप्युपा ओळखण्याचा सर्वात सोपा मार्ग म्हणजे तिच्या रंगातील बदल. वाढणारी अळी साधारणतः क्रीम किंवा पिवळसर पांढऱ्या रंगाची असते. परंतु प्रीप्युपा होताना तिचा रंग हळूहळू गडद तपकिरी, चॉकलेटी किंवा काळपट होतो. हा रंगबदल शरीरातील जैविक परिवर्तनाचे स्पष्ट लक्षण असतो.

या अवस्थेत अळीचे तोंड आणि पचनसंस्था कार्यरत असली तरी ती अन्न घेणे जवळजवळ थांबवते. आता तिचे उद्दिष्ट वाढ करणे नसून सुरक्षित जागा शोधणे असते. निसर्गात प्रीप्युपा अन्नाच्या ढिगाऱ्यापासून दूर जाऊन कोरड्या आणि सुरक्षित जागेत आश्रय घेते. यामुळे पुढील रूपांतरण शांतपणे पूर्ण होऊ शकते.

BSF च्या प्रीप्युपाचे एक अत्यंत महत्त्वाचे वैशिष्ट्य म्हणजे तिची "स्वयं-संकलन" (Self-Harvesting) क्षमता. प्रीप्युपा खाद्य सोडून बाहेर पडण्यासाठी वरच्या दिशेने किंवा उतारावर चालत जाते. याच नैसर्गिक सवयीचा उपयोग करून व्यावसायिक BSFL फार्ममध्ये विशेष रॅम्प तयार केले जातात. प्रीप्युपा स्वतः चालत कंटेनरमध्ये जमा होते आणि हार्वेस्टिंगचा खर्च मोठ्या प्रमाणात कमी होतो.

या अवस्थेत अळीच्या शरीरात मोठ्या प्रमाणात चरबी आणि ऊर्जा साठवलेली असते. कारण पुढील प्युपा अवस्थेत ती कोणतेही अन्न घेणार नसते. प्रौढ माशी तयार होईपर्यंत लागणारी संपूर्ण ऊर्जा याच साठ्यावर अवलंबून असते.

प्रीप्युपा अवस्था साधारणतः काही दिवस टिकते. तापमान, आर्द्रता आणि आनुवंशिक गुणधर्मांनुसार हा कालावधी बदलू शकतो. उष्ण वातावरणात हा टप्पा तुलनेने लवकर पूर्ण होतो, तर थंड हवामानात जास्त वेळ लागू शकतो.

व्यावसायिक BSFL उत्पादनात प्रीप्युपा ही अत्यंत महत्त्वाची अवस्था मानली जाते. अनेक उत्पादक या अवस्थेतच अळ्यांची हार्वेस्टिंग करतात. कारण या वेळी त्यांचे शरीर पूर्ण विकसित झालेले असते आणि पोषणमूल्ये उच्च पातळीवर असतात. काही प्रीप्युपा पुढील प्रजननासाठी राखून ठेवली जातात, तर उर्वरित पशुखाद्य, मत्स्यखाद्य किंवा इतर औद्योगिक वापरासाठी प्रक्रिया केली जाते.

प्रीप्युपा ही अवस्था निसर्गातील एका मोठ्या परिवर्तनाची पूर्वतयारी असते. कालपर्यंत सतत खाणारी आणि वाढणारी अळी आता पूर्णपणे वेगळ्या जीवनासाठी स्वतःला तयार करत असते. तिच्या शरीरात आतून मोठे बदल सुरू झालेले असतात, जरी बाहेरून ती शांत दिसत असली तरी. काही दिवसांनंतर हाच जीव पूर्णपणे रूपांतरित होऊन पंख असलेल्या प्रौढ Black Soldier Fly मध्ये बदलणार असतो.

म्हणूनच प्रीप्युपा ही केवळ अळीची शेवटची अवस्था नसून एका नव्या जीवनाची सुरुवात आहे. BSFL फार्मिंगच्या दृष्टीनेही हा टप्पा उत्पादन, हार्वेस्टिंग आणि प्रजनन या तिन्ही गोष्टींना जोडणारा महत्त्वाचा दुवा मानला जातो.

प्युपा अवस्था

Black Soldier Fly च्या जीवनचक्रातील सर्वात गूढ आणि आश्चर्यकारक अवस्था म्हणजे प्युपा अवस्था. अळी आणि प्रौढ माशी या दोन्ही अवस्था सक्रिय असतात, परंतु प्युपा अवस्था बाहेरून शांत आणि निष्क्रिय दिसते. प्रत्यक्षात मात्र याच काळात जीवशास्त्रातील सर्वात मोठे परिवर्तन घडत असते. रांगणारी अळी पूर्णपणे बदलून उडणारी माशी बनण्याची प्रक्रिया याच अवस्थेत पूर्ण होते.

प्रीप्युपा सुरक्षित आणि कोरडी जागा शोधल्यानंतर तिचे रूपांतर प्युपामध्ये होते. या वेळी शरीरावरील बाह्य आवरण अधिक कठीण आणि गडद रंगाचे बनते. बाहेरून पाहिल्यास ती जणू एखाद्या कठीण कवचात बंद झालेली दिसते. अनेकांना ती मृत किंवा निष्क्रिय वाटू शकते, परंतु वास्तवात तिच्या आत विलक्षण जैविक बदल सुरू असतात.

अळी अवस्थेतील अनेक ऊती आणि अवयव या काळात विघटित होतात. त्याच वेळी नवीन अवयवांची निर्मिती सुरू होते. पंख, लांब पाय, डोळे, स्पर्शेंद्रिये, प्रजनन अवयव आणि प्रौढ माशीचे इतर सर्व अवयव याच अवस्थेत विकसित होतात. हा बदल इतका मोठा असतो की अळी आणि प्रौढ माशी यांचा एकमेकांशी संबंध जोडणे अवघड वाटते.

प्युपा अवस्था म्हणजे निसर्गातील पूर्ण रूपांतरणाचे सर्वोत्तम उदाहरण आहे. अळीचे शरीर जणू एका जैविक कारखान्यात रूपांतरित होते, जिथे जुनी रचना नष्ट होऊन नवीन रचना तयार केली जाते. बाहेरून कोणतीही हालचाल दिसत नसली तरी आतमध्ये अत्यंत गुंतागुंतीच्या प्रक्रिया सुरू असतात.

या अवस्थेत BSF कोणतेही अन्न घेत नाही. वाढणाऱ्या अळी आणि प्रीप्युपा अवस्थेत साठवलेली चरबी आणि ऊर्जा याच साठ्यावर संपूर्ण रूपांतरण प्रक्रिया

चालते. त्यामुळे अळी अवस्थेतील पोषण आणि वाढ जितकी चांगली असेल तितकी निरोगी प्रौढ माशी तयार होण्याची शक्यता वाढते.

तापमानाचा प्युपा अवस्थेवर मोठा प्रभाव असतो. साधारणतः 27°C ते 32°C तापमानात रूपांतरण प्रक्रिया वेगाने होते. कमी तापमानात विकास मंदावतो आणि प्रौढ माशी बाहेर येण्यास अधिक वेळ लागतो. काही वेळा प्रतिकूल परिस्थितीत प्युपा अवस्था अनेक आठवडे टिकू शकते.

आर्द्रताही महत्त्वाची भूमिका बजावते. खूप कोरडे वातावरण असल्यास प्युपा निर्जलीकरणामुळे कमजोर होऊ शकतो. तर अत्यधिक ओलावा असल्यास बुरशी किंवा रोगकारक सूक्ष्मजीवांचा प्रादुर्भाव होऊ शकतो. त्यामुळे व्यावसायिक प्रजनन युनिटमध्ये संतुलित वातावरण राखले जाते.

साधारणतः 10 ते 20 दिवसांच्या कालावधीनंतर प्रौढ Black Soldier Fly प्युपातून बाहेर पडते. बाहेर येण्याच्या काही तास आधी प्युपाच्या कवचात बदल दिसू लागतात. अखेरीस तयार झालेली माशी कवच फोडून बाहेर येते. सुरुवातीला तिचे शरीर मऊ आणि फिकट रंगाचे असते. काही तासांतच शरीर कठीण होते, पंख पूर्णपणे पसरतात आणि रंग गडद काळा होतो.

BSFL फार्मिंगमध्ये प्युपा अवस्था विशेषतः प्रजनन व्यवस्थेसाठी महत्त्वाची असते. उत्पादनासाठी वापरल्या जाणाऱ्या बहुतांश अळ्या हार्वेस्ट केल्या जातात, परंतु पुढील पिढी निर्माण करण्यासाठी काही प्रीप्युपा आणि प्युपा राखून ठेवले जातात. यांच्यापासून नवीन प्रौढ माश्या तयार होतात आणि फार्मचे चक्र अखंड सुरू राहते.

प्युपा ही निसर्गातील संयमाची अवस्था आहे. बाहेरून शांत दिसणाऱ्या या टप्प्यात जीवनाची संपूर्ण पुनर्रचना होत असते. काही दिवसांपूर्वी कचरा खाणारी अळी आता उडणाऱ्या, प्रजनन करणाऱ्या आणि नवीन पिढी निर्माण करणाऱ्या माशीमध्ये बदलत असते. म्हणूनच प्युपा अवस्था ही Black Soldier Fly च्या

जीवनचक्रातील सर्वात अद्भुत आणि वैज्ञानिक दृष्ट्या सर्वात आकर्षक अवस्था मानली जाते.

प्रौढ माशी अवस्था

Black Soldier Fly च्या जीवनचक्रातील अंतिम अवस्था म्हणजे प्रौढ माशी अवस्था. बहुतेक लोकांना माशी म्हटले की घाण, रोग आणि त्रास यांची आठवण होते. परंतु Black Soldier Fly या बाबतीत पूर्णपणे वेगळी आहे. तिचे जीवन, वर्तन आणि पर्यावरणातील योगदान इतर सामान्य माश्यांपेक्षा अत्यंत भिन्न आहे.

प्युपा अवस्थेनंतर पूर्ण विकसित झालेली माशी कवच फोडून बाहेर येते. सुरुवातीला तिचे शरीर मऊ, फिकट आणि नाजूक असते. काही तासांतच शरीर कठीण होते, पंख पूर्णपणे पसरतात आणि तिचा वैशिष्ट्यपूर्ण काळा रंग दिसू लागतो.

प्रौढ Black Soldier Fly साधारणतः 15 ते 20 मिलिमीटर लांब असते. शरीर काळसर, सडपातळ आणि मजबूत दिसते. काही भागांवर पांढरे किंवा पारदर्शक ठिपके असल्यामुळे ती अनेकदा गांधीलमाशी किंवा मधमाशीप्रमाणे दिसते. ही निसर्गाने दिलेली संरक्षणात्मक नक्कल (Protective Mimicry) आहे. त्यामुळे अनेक पक्षी आणि भक्षक तिच्यापासून दूर राहतात.

प्रौढ माशीचे सर्वात महत्त्वाचे वैशिष्ट्य म्हणजे ती अन्न खात नाही. तिचे तोंड आणि पचनसंस्था अन्न सेवनासाठी कार्यक्षम नसतात. अळी अवस्थेत साठवलेली ऊर्जा वापरून ती संपूर्ण आयुष्य जगते. त्यामुळे ती कधीही माणसांच्या अन्नावर बसत नाही, कचऱ्यावर गर्दी करत नाही आणि रोग पसरवत नाही.

घरमाशीच्या विपरीत Black Soldier Fly ही सार्वजनिक आरोग्यासाठी धोका मानली जात नाही. ती चावत नाही, डंख मारत नाही किंवा माणसांना त्रास देत नाही. त्यामुळे BSFL फार्मिंग निवासी भागातही तुलनेने सुरक्षित मानले जाते.

प्रौढ माशीचे मुख्य आणि जवळजवळ एकमेव कार्य म्हणजे प्रजनन करणे. प्युपातून बाहेर आल्यानंतर काही दिवसांत नर आणि मादी लैंगिकदृष्ट्या परिपक्व होतात. त्यानंतर योग्य प्रकाश आणि तापमान मिळाल्यास संयोग प्रक्रिया सुरू होते.

नर माश्या साधारणतः मोकळ्या जागेत उडत राहतात आणि मादींची वाट पाहतात. मादी योग्य जोडीदार निवडते आणि संयोगानंतर काही दिवसांत अंडी घालण्यास सुरुवात करते. अंडी घातल्यानंतर तिचे जीवनकार्य पूर्ण झाल्यासारखे असते.

प्रौढ BSF ला प्रकाशाची विशेष गरज असते. नैसर्गिक सूर्यप्रकाश किंवा त्यासारखा कृत्रिम प्रकाश नसल्यास संयोगाचे प्रमाण कमी होऊ शकते. म्हणून व्यावसायिक प्रजनन युनिटमध्ये प्रकाश व्यवस्थापनाला विशेष महत्त्व दिले जाते.

या अवस्थेत माशी पाणी मात्र घेऊ शकते. काही वेळा ती पानांवरील दव, ओलावा किंवा उपलब्ध पाण्याचे सूक्ष्म थेंब वापरते. त्यामुळे तिच्या शरीरातील पाण्याचे संतुलन राखले जाते.

प्रौढ माशीचे आयुष्य तुलनेने लहान असते. साधारणतः 5 ते 14 दिवस ती जिवंत राहते, जरी वातावरणानुसार हा कालावधी थोडा बदलू शकतो. या संपूर्ण काळात तिचे लक्ष प्रजनन आणि पुढील पिढी निर्माण करण्यावर केंद्रित असते.

BSFL फार्मिंगमध्ये प्रौढ माशी ही उत्पादनाचा शेवट नसून नवीन उत्पादनाची सुरुवात असते. अळी अवस्थेतून मिळणारे प्रथिन आणि चरबी महत्त्वाची असली तरी प्रौढ माशीशिवाय नवीन अंडी निर्माण होणार नाहीत. त्यामुळे यशस्वी फार्मसाठी निरोगी आणि सक्रिय प्रौढ माश्यांची संख्या टिकवून ठेवणे आवश्यक असते.

निसर्गातील अनेक जीव स्वतःच्या जगण्यासाठी आयुष्य घालवतात, परंतु Black Soldier Fly ची प्रौढ अवस्था जवळजवळ पूर्णपणे पुढील पिढीसाठी समर्पित असते. ती खात नाही, साठवणूक करत नाही, फक्त प्रजनन करते आणि जीवनचक्र पुढे नेते. म्हणूनच प्रौढ Black Soldier Fly ही निसर्गातील उद्देशपूर्ण आणि कार्यक्षम जीवनशैलीचे एक विलक्षण उदाहरण मानली जाते.

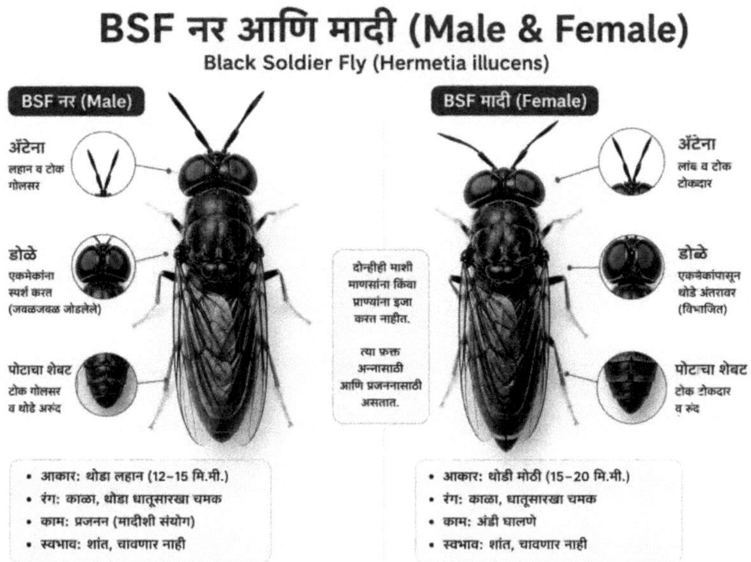

नर आणि मादी ओळख

Black Soldier Fly चे यशस्वी प्रजनन करण्यासाठी नर आणि मादी यांची अचूक ओळख असणे आवश्यक आहे. व्यावसायिक BSFL फार्मिंगमध्ये अंडी उत्पादन वाढवण्यासाठी, प्रजनन कार्यक्षमता तपासण्यासाठी आणि संशोधनासाठी नर-मादी ओळख महत्त्वाची ठरते. सामान्य निरीक्षकाला दोन्ही माश्या जवळजवळ सारख्या दिसतात, परंतु बारकाईने पाहिल्यास काही स्पष्ट फरक लक्षात येतात.

BSF मध्ये नर आणि मादी दोघांचाही रंग मुख्यतः काळा असतो. दोघांचे शरीर लांबट आणि सडपातळ असते. दोघांनाही एक जोडी पंख, सहा पाय आणि मोठे संयुक्त डोळे (Compound Eyes) असतात. त्यामुळे प्रथमदर्शनी त्यांच्यातील फरक ओळखणे कठीण वाटू शकते.

नर आणि मादी ओळखण्याचा सर्वात विश्वासार्ह मार्ग म्हणजे डोळ्यांचे निरीक्षण. नर Black Soldier Fly मध्ये दोन्ही मोठे डोळे जवळजवळ एकमेकांना स्पर्श करताना दिसतात. या प्रकाराला "Holoptic Eyes" असे म्हणतात. याउलट मादीमध्ये डोळ्यांमध्ये स्पष्ट अंतर असते. याला "Dichoptic Eyes" असे म्हणतात. हा फरक वैज्ञानिक ओळखीसाठी सर्वाधिक वापरला जातो.

शरीराच्या आकारातही काही प्रमाणात फरक दिसतो. मादी साधारणतः नरापेक्षा थोडी जाड आणि भरदार दिसते. याचे कारण तिच्या शरीरात अंडी विकसित होत असतात. विशेषतः अंडी घालण्याच्या काळात मादीचे उदर (Abdomen) अधिक भरलेले दिसू शकते.

नराचे शरीर तुलनेने सडपातळ आणि हलके असते. त्याची ऊर्जा मुख्यतः मादी शोधणे आणि संयोगासाठी खर्च होते. त्यामुळे त्याच्या शरीररचनेत वेगवान उड्डाणासाठी अनुकूल वैशिष्ट्ये आढळतात.

वर्तनाच्या आधारेही काही प्रमाणात ओळख करता येते. नर माश्या दिवसाच्या वेळी अधिक सक्रिय उडताना दिसतात. त्या प्रकाश असलेल्या भागात किंवा मोकळ्या जागेत सतत हालचाल करत असतात. हे क्षेत्र अनेकदा त्यांचे "प्रजनन क्षेत्र" असते, जिथे ते मादींची वाट पाहतात.

मादी तुलनेने शांत आणि कमी हालचाल करणारी दिसू शकते. संयोगानंतर ती अंडी घालण्यासाठी योग्य जागा शोधण्यावर अधिक लक्ष केंद्रित करते. अशा वेळी ती अंडी ठेवण्यासाठी फटी, भेगा किंवा अंडी संकलन साधनांची तपासणी करताना दिसते.

प्रजनन व्यवस्थापनात नर-मादी प्रमाण महत्त्वाचे असते. साधारणतः समान किंवा किंचित जास्त नर असतील तर संयोगाचे प्रमाण चांगले राहते. तथापि, अतिशय कमी मादी असल्यास अंडी उत्पादन मर्यादित होते, तर खूप कमी नर असल्यास सर्व मादींचे यशस्वी संयोग होण्याची शक्यता कमी होते.

संशोधन प्रयोगशाळांमध्ये नर आणि मादी ओळखण्यासाठी सूक्ष्मदर्शकाचा वापर करून जननेंद्रियांची रचना देखील तपासली जाते. परंतु व्यावसायिक फार्मिंगमध्ये डोळ्यांची रचना आणि शरीराचा आकार हेच सर्वाधिक वापरले जाणारे संकेत आहेत.

नर आणि मादी यांच्यातील फरक समजून घेतल्याने प्रजनन पिंजऱ्यांचे व्यवस्थापन अधिक प्रभावीपणे करता येते. अंडी उत्पादनातील समस्या, कमी संयोग दर किंवा लोकसंख्येतील असंतुलन यांचे कारण शोधणे सोपे होते.

BSF च्या जीवनचक्रात नर आणि मादी दोघांचीही भूमिका तितकीच महत्त्वाची आहे. नर योग्य जोडीदार शोधतो, तर मादी पुढील पिढीची निर्मिती करते. या दोघांच्या समन्वयातूनच लाखो नवीन अंड्यांची निर्मिती होते आणि BSFL फार्मचे जीवनचक्र अखंड सुरू राहते.

आयुष्यकाल

Black Soldier Fly चा आयुष्यकाल हा तिच्या जीवनातील विविध अवस्थांचा एकत्रित परिणाम असतो. अनेक लोक प्रौढ माशी किती दिवस जगते यावरून आयुष्यकाल मोजतात, परंतु प्रत्यक्षात अंड्यापासून प्रौढ माशीच्या मृत्यूपर्यंतचा संपूर्ण कालावधी विचारात घेतला जातो. या संपूर्ण प्रवासात प्रत्येक अवस्थेचा कालावधी वेगळा असतो आणि वातावरणानुसार त्यामध्ये बदलही होऊ शकतो.

अनुकूल परिस्थितीत Black Soldier Fly चे संपूर्ण जीवनचक्र साधारणतः 35 ते 45 दिवसांत पूर्ण होते. काही वेळा हे जीवनचक्र 30 दिवसांपेक्षाही कमी कालावधीत पूर्ण होऊ शकते, तर थंड हवामानात 60 दिवस किंवा त्याहून अधिक कालावधी लागू शकतो.

आयुष्याची सुरुवात अंड्यापासून होते. अंड्यांची अवस्था सामान्यतः 3 ते 5 दिवस टिकते. या काळात अंड्यामध्ये भ्रूण विकसित होत असतो. योग्य तापमान आणि आर्द्रता मिळाल्यास अंडी वेळेवर उबतात आणि नवजात अळ्या बाहेर पडतात.

यानंतर अळी अवस्था सुरू होते. संपूर्ण जीवनचक्रातील सर्वात मोठा कालावधी अळी अवस्थेचा असतो. साधारणतः 14 ते 20 दिवस अळी सतत अन्न खाते, वाढते आणि शरीरात ऊर्जा साठवते. व्यावसायिक BSFL उत्पादनासाठी हीच सर्वात महत्त्वाची अवस्था असते.

अळीची वाढ पूर्ण झाल्यानंतर ती प्रीप्युपा अवस्थेत प्रवेश करते. हा टप्पा साधारणतः 3 ते 7 दिवस टिकतो. या काळात अळी खाणे बंद करते आणि सुरक्षित जागा शोधते. शरीरात पुढील रूपांतरणासाठी तयारी सुरू असते.

त्यानंतर प्युपा अवस्था येते. ही अवस्था साधारणतः 10 ते 20 दिवस टिकू शकते. या काळात अळीचे शरीर पूर्णपणे बदलून प्रौढ माशीची निर्मिती होते. बाहेरून

फारशी हालचाल दिसत नसली तरी आतमध्ये मोठ्या प्रमाणात जैविक पुनर्रचना सुरू असते.

प्युपातून बाहेर पडलेली प्रौढ माशी सर्वात कमी काळ जगते. सामान्यतः प्रौढ Black Soldier Fly 5 ते 14 दिवस जिवंत राहते. काही अनुकूल परिस्थितींमध्ये हा कालावधी 20 दिवसांपर्यंत वाढू शकतो. तथापि, तिच्या आयुष्याचा हा टप्पा अत्यंत उद्देशपूर्ण असतो.

प्रौढ माशी अन्न खात नाही. अळी अवस्थेत साठवलेली ऊर्जा वापरून ती संपूर्ण आयुष्य जगते. त्यामुळे प्रौढ अवस्थेचा कालावधी मोठ्या प्रमाणात अळी अवस्थेतील पोषणावर अवलंबून असतो. निरोगी आणि चांगले वाढलेली अळी अधिक सक्षम प्रौढ माशी तयार करते.

तापमान हा आयुष्यकालावर परिणाम करणारा सर्वात महत्त्वाचा घटक आहे. उष्ण वातावरणात जीवनचक्र वेगाने पूर्ण होते. थंड हवामानात विकास मंदावतो आणि प्रत्येक अवस्थेचा कालावधी वाढतो. त्यामुळे भौगोलिक प्रदेशानुसार BSF च्या आयुष्यकालात फरक आढळतो.

आर्द्रता, अन्नाची गुणवत्ता, लोकसंख्येची घनता आणि आनुवंशिक गुणधर्म यांचाही आयुष्यकालावर प्रभाव पडतो. संतुलित परिस्थितीत मृत्यूदर कमी राहतो आणि संपूर्ण जीवनचक्र अधिक यशस्वीपणे पूर्ण होते.

BSFL फार्मिंगच्या दृष्टीने आयुष्यकाल समजून घेणे अत्यंत आवश्यक आहे. अंडी कधी उबतील, अळ्या कधी हार्वेस्टिंगस तयार होतील, प्रीप्युपा कधी बाहेर पडतील आणि नवीन माश्या कधी तयार होतील याचे नियोजन आयुष्यकालाच्या माहितीद्वारे करता येते. यामुळे उत्पादनाचे चक्र सतत आणि नियोजित ठेवणे शक्य होते.

निसर्गाच्या दृष्टीने पाहिले तर Black Soldier Fly चे आयुष्य फार मोठे नसते. मात्र या अल्प आयुष्यात ती कचऱ्याचे पुनर्चक्रण करते, मूल्यवान पोषणद्रव्ये निर्माण करते आणि नवीन पिढीला जन्म देते. तिच्या जीवनाचा प्रत्येक दिवस एका निश्चित उद्देशासाठी वापरला जातो. म्हणूनच Black Soldier Fly चा आयुष्यकाल हा केवळ दिवसांचा आकडा नसून निसर्गातील कार्यक्षमतेचे एक उत्कृष्ट उदाहरण आहे.

प्रजनन सवयी

Black Soldier Fly च्या यशस्वी पालनामध्ये प्रजनन सवयी समजून घेणे अत्यंत महत्त्वाचे आहे. अंडी उत्पादन, नवीन पिढीची निर्मिती आणि फार्मची स्वयंपूर्णता या सर्व गोष्टी प्रजनन प्रक्रियेवर अवलंबून असतात. BSF चे प्रजनन वर्तन इतर अनेक माश्यांपेक्षा वेगळे असून त्यावर प्रकाश, तापमान, आर्द्रता आणि जागेचा मोठा प्रभाव असतो.

प्रौढ Black Soldier Fly प्युपातून बाहेर पडल्यावर लगेच प्रजननासाठी तयार होत नाही. सुरुवातीचे काही दिवस तिच्या शरीराची पूर्ण परिपक्वता होत असते. साधारणतः 2 ते 3 दिवसांनंतर नर आणि मादी संयोगासाठी सक्षम होतात.

BSF मध्ये संयोग प्रामुख्याने दिवसाच्या वेळेत होतो. विशेषतः सकाळी आणि दुपारच्या काळात नर अधिक सक्रिय असतात. प्रकाश उपलब्ध असताना ते सतत उडत राहतात आणि मादी शोधण्याचा प्रयत्न करतात. रात्रीच्या वेळी प्रजनन क्रिया जवळजवळ थांबते.

नर माश्या विशिष्ट जागा निवडून तिथे थांबतात किंवा उडत राहतात. या भागाला अनेक संशोधक "लेकिंग एरिया" (Lekking Area) असे संबोधतात. येथे अनेक नर एकत्र उपस्थित राहतात आणि येणाऱ्या मादींसाठी स्पर्धा करतात. मादी योग्य जोडीदार निवडते आणि त्यानंतर संयोग घडतो.

BSF च्या प्रजननात दृष्टीचे महत्त्व खूप मोठे आहे. इतर काही कीटकांप्रमाणे ती मुख्यतः वासावर अवलंबून राहत नाही. सूर्यप्रकाश किंवा तीव्र प्रकाशामुळे नर आणि मादी एकमेकांना ओळखू शकतात. म्हणूनच अपुरा प्रकाश असल्यास संयोगाचे प्रमाण लक्षणीयरीत्या कमी होते.

संयोग साधारणतः काही मिनिटांपासून अर्ध्या तासापर्यंत चालू शकतो. यशस्वी संयोगानंतर नर आणि मादी वेगळे होतात. त्यानंतर मादीच्या शरीरात अंड्यांची परिपक्वता वेगाने सुरू होते.

संयोगानंतर साधारणतः 2 ते 4 दिवसांत मादी अंडी घालण्यासाठी योग्य जागा शोधू लागते. ती थेट अन्न किंवा कचऱ्यावर अंडी घालत नाही. त्याऐवजी अन्नाच्या अगदी जवळ असलेल्या कोरड्या फटी, भेगा किंवा लहान कप्पे निवडते. यामुळे अंडी सुरक्षित राहतात आणि अंड्यातून बाहेर पडलेल्या अळ्यांना लगेच अन्न उपलब्ध होते.

एक निरोगी मादी साधारणतः 500 ते 900 अंडी घालू शकते. काही उत्कृष्ट परिस्थितींमध्ये हा आकडा हजाराच्या आसपास पोहोचू शकतो. अंडी घातल्यानंतर मादीचे जीवनकार्य जवळजवळ पूर्ण होते आणि काही दिवसांत तिचा मृत्यू होतो.

प्रजननावर तापमानाचा मोठा परिणाम होतो. साधारणतः 27°C ते 32°C तापमानात संयोग आणि अंडी उत्पादन उत्तम होते. कमी तापमानात नरांची सक्रियता कमी होते आणि मादींचे अंडी उत्पादनही घटू शकते.

आर्द्रताही महत्त्वाची असते. खूप कोरडे वातावरण असल्यास माश्यांचे आयुष्य कमी होऊ शकते, तर संतुलित आर्द्रता प्रजननासाठी अनुकूल वातावरण तयार करते. साधारणतः 60% ते 80% सापेक्ष आर्द्रता योग्य मानली जाते.

व्यावसायिक BSFL फार्ममध्ये प्रजनन युनिट स्वतंत्र ठेवले जाते. प्रजनन पिंजरे, योग्य प्रकाश व्यवस्था, अंडी संकलन साधने आणि नियंत्रित वातावरण यांचा वापर करून अंडी उत्पादन वाढवले जाते. यशस्वी फार्मचे सर्वात महत्त्वाचे वैशिष्ट्य म्हणजे सातत्याने आणि भरपूर प्रमाणात अंडी मिळणे.

BSF च्या प्रजनन सवयींकडे बारकाईने पाहिल्यास एक गोष्ट स्पष्ट होते. प्रौढ माशीचे संपूर्ण आयुष्य जवळजवळ एका उद्देशासाठी समर्पित असते, तो म्हणजे पुढील पिढी निर्माण करणे. ती अन्न खात नाही, संसाधने साठवत नाही आणि स्वतःच्या अस्तित्वापेक्षा संतती निर्मितीवर भर देते. त्यामुळे Black Soldier Fly चे प्रजनन वर्तन हे निसर्गातील कार्यक्षम आणि उद्देशपूर्ण जीवनपद्धतीचे उत्कृष्ट उदाहरण मानले जाते.

प्रकाशाचा परिणाम

Black Soldier Fly च्या जीवशास्त्रामध्ये प्रकाश हा अत्यंत महत्त्वाचा पर्यावरणीय घटक आहे. तापमान, आर्द्रता आणि अन्न यांच्याइतकाच प्रकाशही BSF च्या जीवनचक्रावर प्रभाव टाकतो. विशेषतः प्रौढ माश्यांच्या वर्तनावर, संयोग प्रक्रियेवर आणि अंडी उत्पादनावर प्रकाशाचा थेट परिणाम होतो. त्यामुळे व्यावसायिक BSFL फार्मिंगमध्ये प्रकाश व्यवस्थापनाला विशेष महत्त्व दिले जाते.

निसर्गात Black Soldier Fly ही दिवसाच्या वेळी सक्रिय असणारी माशी आहे. सूर्योदय झाल्यानंतर तिची हालचाल वाढते आणि सूर्यास्तानंतर ती जवळजवळ निष्क्रिय होते. त्यामुळे तिच्या जैविक घड्याळाचा प्रकाशाशी घनिष्ठ संबंध असतो.

BSF च्या जीवनचक्रातील सर्वात जास्त प्रकाश-आधारित अवस्था म्हणजे प्रौढ माशी अवस्था. नर आणि मादी यांचा संयोग होण्यासाठी पुरेसा प्रकाश आवश्यक असतो. अपुरा प्रकाश असल्यास संयोगाचे प्रमाण मोठ्या प्रमाणात घटू शकते. म्हणूनच अनेक वेळा निरोगी माश्या असूनही अंडी उत्पादन कमी होत असल्यास त्यामागे प्रकाशाची कमतरता हे कारण आढळते.

नैसर्गिक सूर्यप्रकाश हा BSF साठी सर्वात उत्तम प्रकाश स्रोत मानला जातो. सूर्यप्रकाशामध्ये विविध तरंगलांबींचा समावेश असतो, ज्यामुळे माश्यांचे नैसर्गिक वर्तन उत्तेजित होते. सूर्यप्रकाशात नर अधिक सक्रिय होतात, मादी शोधतात आणि संयोगाची शक्यता वाढते.

प्रकाश केवळ दिसण्यासाठी नसतो, तर तो प्रजननासाठी एक जैविक संकेत म्हणूनही कार्य करतो. दिवसाची लांबी, प्रकाशाची तीव्रता आणि प्रकाशाचा कालावधी यावर माश्यांची सक्रियता अवलंबून असते. योग्य प्रकाश मिळाल्यास माश्यांच्या शरीरातील हार्मोनल प्रक्रिया अधिक प्रभावीपणे कार्य करतात.

व्यावसायिक BSFL फार्ममध्ये नेहमीच पुरेसा नैसर्गिक सूर्यप्रकाश उपलब्ध असेल असे नाही. अशा वेळी कृत्रिम प्रकाशाचा वापर केला जातो. विशेष प्रकारचे LED दिवे, हॅलोजन दिवे किंवा पूर्ण स्पेक्ट्रम (Full Spectrum) प्रकाश व्यवस्था वापरून सूर्यप्रकाशासारखे वातावरण तयार करण्याचा प्रयत्न केला जातो.

संशोधनांमध्ये असे आढळले आहे की प्रकाशाची तीव्रता जितकी योग्य असेल तितके संयोगाचे प्रमाण वाढते. अतिशय मंद प्रकाशात नर आणि मादी एकमेकांना सहज शोधू शकत नाहीत. परिणामी अंडी उत्पादन घटते.

अळी अवस्थेत मात्र परिस्थिती वेगळी असते. अळ्या प्रकाश टाळण्याचा प्रयत्न करतात. त्या नैसर्गिकरित्या अन्नाच्या आत, जमिनीखाली किंवा सावलीत राहणे पसंत करतात. यामुळे त्यांना कोरडेपणा, उष्णता आणि भक्षकांपासून संरक्षण मिळते. त्यामुळे अळी उत्पादन युनिटमध्ये थेट सूर्यप्रकाश टाळला जातो.

प्रीप्युपा अवस्थेतही प्रकाशाचा प्रभाव दिसून येतो. प्रीप्युपा सुरक्षित, अंधाऱ्या आणि कोरड्या जागा शोधण्याचा प्रयत्न करतात. ही सवय त्यांच्या नैसर्गिक संरक्षण यंत्रणेचा भाग आहे.

प्रकाशाचा कालावधी देखील महत्त्वाचा असतो. दिवसातील पुरेसे तास प्रकाश मिळाल्यास माश्यांची सक्रियता वाढते. अनेक व्यावसायिक प्रजनन युनिटमध्ये 12 ते 16 तास प्रकाश उपलब्ध करून दिला जातो, ज्यामुळे संयोग आणि अंडी उत्पादन सुधारते.

अतिशय तीव्र उष्ण प्रकाश किंवा सततचा प्रकाशही हानिकारक ठरू शकतो. त्यामुळे प्रकाशाची तीव्रता, कालावधी आणि उष्णता यामध्ये संतुलन राखणे आवश्यक असते.

BSFL फार्मिंगमध्ये प्रकाशाला अनेकदा दुय्यम महत्त्व दिले जाते, परंतु प्रत्यक्षात तो उत्पादनक्षमतेचा एक प्रमुख घटक आहे. योग्य प्रकाशाशिवाय उत्तम तापमान, आर्द्रता आणि खाद्य असूनही अपेक्षित अंडी उत्पादन मिळू शकत नाही.

निसर्गात सूर्य हा Black Soldier Fly च्या जीवनचक्राचा अदृश्य नियोजक आहे. तो माशीला कधी सक्रिय व्हायचे, कधी संयोग करायचा आणि कधी पुढील पिढी निर्माण करायची याचे संकेत देतो. म्हणूनच BSF चे जीवशास्त्र समजून घेताना प्रकाशाचा परिणाम हा केवळ एक पर्यावरणीय घटक नसून जीवनचक्र नियंत्रित करणारा मूलभूत घटक मानला जातो.

तापमानाचा परिणाम

Black Soldier Fly च्या जीवनचक्रावर परिणाम करणाऱ्या सर्व पर्यावरणीय घटकांमध्ये तापमान हा सर्वात महत्त्वाचा घटक मानला जातो. अंड्यांची उबण्याची क्षमता, अळ्यांची वाढ, खाद्य सेवन, प्रजनन, अंडी उत्पादन आणि एकूण उत्पादनक्षमता या सर्व गोष्टी तापमानावर अवलंबून असतात. त्यामुळे BSFL फार्मिंगमध्ये तापमान समजून घेणे म्हणजे अर्धे व्यवस्थापन समजून घेणे होय.

Black Soldier Fly हा उष्ण प्रदेशातील कीटक आहे. त्याची उत्क्रांती मुख्यतः उबदार आणि दमट वातावरणात झालेली असल्यामुळे तो मध्यम ते उच्च तापमानात उत्तम वाढतो. साधारणतः 27°C ते 32°C हे तापमान BSF साठी सर्वाधिक अनुकूल मानले जाते.

अंड्यांच्या अवस्थेपासून तापमानाचा प्रभाव सुरू होतो. योग्य तापमानात अंडी साधारणतः 3 ते 5 दिवसांत उबतात. तापमान कमी असल्यास भ्रूणाचा विकास मंदावतो आणि अंडी उबण्यासाठी अधिक वेळ लागतो. खूप कमी तापमानात काही अंडी उबतच नाहीत.

नवजात आणि वाढणाऱ्या अळ्यांवर तापमानाचा सर्वाधिक परिणाम दिसून येतो. उबदार वातावरणात अळ्यांचा चयापचय वेगवान होतो. त्या अधिक अन्न खातात, जलद वाढतात आणि कमी कालावधीत हार्वेस्टिंगयोग्य आकार गाठतात. म्हणूनच योग्य तापमानात उत्पादन चक्र जलद पूर्ण होते.

साधारणतः 27°C ते 32°C तापमानात अळ्यांची वाढ सर्वोत्तम होते. या श्रेणीत खाद्य रूपांतरण कार्यक्षमता (Feed Conversion Efficiency) देखील चांगली राहते. म्हणजेच कमी कचऱ्यातून अधिक जैवभार तयार होतो.

20°C पेक्षा कमी तापमानात अळ्यांची हालचाल आणि खाद्य सेवन कमी होऊ लागते. वाढ मंदावते आणि जीवनचक्राचा कालावधी वाढतो. काही थंड प्रदेशांमध्ये जीवनचक्र पूर्ण होण्यासाठी दुप्पट वेळ लागू शकतो.

10°C च्या आसपास किंवा त्यापेक्षा कमी तापमानात विकास जवळजवळ थांबू शकतो. अशा परिस्थितीत अळ्या निष्क्रिय होतात आणि मृत्यूदर वाढण्याची शक्यता असते.

दुसऱ्या बाजूला अतिशय जास्त तापमान देखील हानिकारक असते. 40°C पेक्षा जास्त तापमानात अळ्यांवर उष्णतेचा ताण वाढतो. पाण्याची कमतरता, निर्जलीकरण आणि मृत्यूदर वाढू शकतो. विशेषतः मोठ्या उत्पादन युनिटमध्ये अळ्यांच्या चयापचयामुळे अतिरिक्त उष्णता निर्माण होत असल्याने तापमानावर लक्ष ठेवणे आवश्यक असते.

BSFL उत्पादनात एक विशेष गोष्ट आढळते. हजारो किंवा लाखो अळ्या एकत्र अन्न खात असताना त्यांच्या शरीरातून उष्णता निर्माण होते. काही वेळा अन्नाच्या ढिगाऱ्याच्या मध्यभागी तापमान बाहेरील तापमानापेक्षा 5 ते 15 अंश सेल्सियसने जास्त असू शकते. याला "Metabolic Heat" असे म्हणतात.

प्रीप्युपा आणि प्युपा अवस्थांमध्येही तापमानाचा प्रभाव कायम राहतो. उबदार वातावरणात रूपांतरण प्रक्रिया वेगाने पूर्ण होते, तर थंड हवामानात प्युपा अवस्था अधिक काळ टिकते.

प्रौढ माश्यांच्या प्रजननासाठी देखील तापमान महत्त्वाचे असते. योग्य तापमानात नर अधिक सक्रिय राहतात, संयोगाचे प्रमाण वाढते आणि मादी अधिक अंडी घालतात. कमी तापमानात प्रजनन कार्यक्षमता घटते.

व्यावसायिक BSFL फार्ममध्ये तापमान नियंत्रण हे यशाचे प्रमुख सूत्र मानले जाते. अनेक उत्पादक शेडनेट, नैसर्गिक वायुवीजन, पाण्याची फवारणी, इन्सुलेशन आणि तापमान निरीक्षण प्रणाली वापरून आदर्श वातावरण राखतात.

तापमानाचा परिणाम केवळ वाढीच्या वेगावर होत नाही, तर अंतिम उत्पादनाच्या गुणवत्तेवरही होतो. योग्य तापमानात वाढलेल्या अळ्यांमध्ये अधिक जैवभार, अधिक प्रथिने आणि चांगली एकूण उत्पादनक्षमता आढळते.

निसर्गात तापमान हे Black Soldier Fly साठी अदृश्य नियंत्रकासारखे काम करते. ते तिच्या जीवनाचा वेग ठरवते, वाढीचा मार्ग ठरवते आणि प्रजननाची क्षमता नियंत्रित करते. त्यामुळे BSFL फार्मिंगमध्ये तापमान हे फक्त हवामानाचे मोजमाप नसून संपूर्ण उत्पादन व्यवस्थेचे हृदय मानले जाते.

आर्द्रतेचा परिणाम

Black Soldier Fly च्या यशस्वी वाढीमध्ये तापमानाइतकीच महत्त्वाची भूमिका आर्द्रता बजावते. वातावरणातील ओलावा आणि खाद्यातील आर्द्रता या दोन्ही गोष्टी BSF च्या जीवनचक्रावर थेट परिणाम करतात. अंड्यांची उबण्याची क्षमता, अळ्यांची वाढ, प्रौढ माश्यांचे आयुष्य आणि प्रजनन कार्यक्षमता या सर्व बाबींमध्ये आर्द्रतेचे महत्त्व स्पष्टपणे दिसून येते.

आर्द्रता म्हणजे हवेमध्ये असलेल्या पाण्याच्या वाफेचे प्रमाण. BSF हा मूळतः उष्ण आणि दमट प्रदेशात विकसित झालेला कीटक असल्यामुळे त्याला काही प्रमाणात ओलसर वातावरण आवश्यक असते. खूप कोरडी किंवा खूप ओलसर परिस्थिती दोन्हीही त्याच्यासाठी हानिकारक ठरू शकतात.

अंड्यांच्या अवस्थेत आर्द्रतेचे महत्त्व सर्वाधिक असते. अंडी उबण्याच्या काळात त्यामधील भ्रूणाला विशिष्ट प्रमाणात ओलावा आवश्यक असतो. जर वातावरण खूप कोरडे असेल तर अंड्यांतील पाण्याचे प्रमाण कमी होऊन ती निर्जलीकरणामुळे नष्ट होऊ शकतात. दुसरीकडे, अत्यंत जास्त आर्द्रतेमुळे बुरशी आणि जीवाणूंची वाढ होण्याचा धोका निर्माण होतो.

साधारणतः 60% ते 80% सापेक्ष आर्द्रता (Relative Humidity) BSF अंड्यांसाठी अनुकूल मानली जाते. या श्रेणीत अंड्यांची उबण्याची टक्केवारी सर्वाधिक आढळते.

नवजात अळ्यांमध्येही आर्द्रतेचा प्रभाव मोठ्या प्रमाणात दिसून येतो. त्यांचे शरीर अतिशय लहान आणि नाजूक असल्यामुळे पाण्याचे नुकसान वेगाने होऊ शकते. योग्य ओलावा नसल्यास अळ्या कमजोर होतात आणि मृत्यूदर वाढू शकतो.

वाढणाऱ्या अळ्यांच्या बाबतीत वातावरणातील आर्द्रतेइतकेच खाद्यातील ओलावा महत्त्वाचा असतो. अळ्या थेट पाणी पित नाहीत. त्यांना आवश्यक असलेला बहुतेक ओलावा अन्नातून मिळतो. त्यामुळे खाद्यामध्ये साधारणतः 60% ते 70% आर्द्रता असणे योग्य मानले जाते.

खाद्य खूप कोरडे असल्यास अळ्यांना ते खाणे आणि पचवणे कठीण जाते. परिणामी वाढ मंदावते आणि खाद्य रूपांतरण कार्यक्षमता कमी होते. उलट खाद्य खूप ओलसर असल्यास त्यामध्ये ऑक्सिजनची कमतरता निर्माण होऊ शकते. अशा परिस्थितीत दुर्गंधी वाढते आणि अळ्यांच्या आरोग्यावर परिणाम होऊ शकतो.

प्रीप्युपा अवस्थेत परिस्थिती थोडी वेगळी असते. या टप्प्यात अळ्या तुलनेने कोरड्या जागा शोधतात. कारण पुढील प्युपा अवस्था सुरक्षित आणि कमी ओलसर वातावरणात अधिक चांगली पूर्ण होते.

प्युपा अवस्थेत अत्यधिक आर्द्रता विशेषतः हानिकारक ठरू शकते. जास्त ओलाव्यामुळे बुरशीचा प्रादुर्भाव होऊ शकतो आणि रूपांतरण प्रक्रियेमध्ये अडथळे निर्माण होऊ शकतात. त्यामुळे प्रजनन युनिटमध्ये संतुलित आर्द्रता राखणे आवश्यक असते.

प्रौढ माश्यांच्या जीवनातही आर्द्रतेचे महत्त्व आहे. जरी त्या अन्न खात नसल्या तरी शरीरातील पाण्याचे संतुलन राखणे आवश्यक असते. खूप कोरड्या वातावरणात त्यांचे आयुष्य कमी होऊ शकते. योग्य आर्द्रता असल्यास त्यांची सक्रियता, संयोग क्षमता आणि अंडी उत्पादन सुधारते.

BSFL फार्मिंगमध्ये आर्द्रतेचे व्यवस्थापन ही एक सतत चालणारी प्रक्रिया असते. खाद्य खूप कोरडे झाल्यास पाणी किंवा ओलसर पदार्थ मिसळले जातात. खूप

ओलावा असल्यास कोरडे जैविक पदार्थ मिसळून संतुलन राखले जाते. काही मोठ्या प्रकल्पांमध्ये आर्द्रता मोजण्यासाठी विशेष उपकरणे वापरली जातात.

तापमान आणि आर्द्रता यांचा परस्पर संबंधही महत्त्वाचा असतो. उच्च तापमान आणि कमी आर्द्रता एकत्र आल्यास निर्जलीकरणाचा धोका वाढतो. तर उच्च तापमान आणि अत्यधिक आर्द्रता यामुळे अवांछित सूक्ष्मजीवांची वाढ होऊ शकते. त्यामुळे दोन्ही घटकांचा संतुलित विचार करणे आवश्यक असते.

निसर्गात आर्द्रता ही Black Soldier Fly साठी जीवनदायी घटक आहे. योग्य प्रमाणात असलेला ओलावा अंड्यांना जीवन देतो, अळ्यांना वाढवतो, रूपांतरण प्रक्रिया सुरळीत ठेवतो आणि प्रजननाला मदत करतो. परंतु त्याच वेळी अतिरेक झाल्यास तोच घटक अडचणी निर्माण करू शकतो. म्हणूनच BSFL फार्मिंगमध्ये आर्द्रता ही केवळ पाण्याशी संबंधित बाब नसून संपूर्ण उत्पादन व्यवस्थेचा एक मूलभूत आणि निर्णायक घटक मानली जाते.

फार्म उभारणी

BSFL फार्मसाठी जागा निवड

BSFL (Black Soldier Fly Larvae) फार्मच्या यशामध्ये सर्वात महत्त्वाचा घटक म्हणजे योग्य जागेची निवड. अनेक लोक ट्रे, अळ्या, खाद्य किंवा तंत्रज्ञान यावर लक्ष केंद्रित करतात, पण चुकीची जागा निवडल्यामुळे उत्पादन, प्रजनन आणि व्यवस्थापन या सर्व गोष्टींवर परिणाम होतो.

BSFL फार्मसाठी जागा निवडताना खालील बाबी विचारात घ्याव्यात.

1. सेंद्रिय कचऱ्याच्या स्त्रोताजवळ जागा

BSFL उद्योगाचा पाया म्हणजे सेंद्रिय कचरा. त्यामुळे कचरा जिथे निर्माण होतो त्या ठिकाणाजवळ फार्म असेल तर वाहतूक खर्च मोठ्या प्रमाणात कमी होतो. माझ्या फार्म च्या जवळ कुठलीही उरलेले अन्न मिळणारी फॅक्टरी अथवा मेस, हॉटेल नाही आहे. त्यामुळे मला बऱ्याच दुरून कचऱ्याची वाहतूक करावी लागते आणि पैसे वाया जातात

योग्य स्रोत:

- भाजी मंडई
- फळ बाजार
- फॅक्टरी कॅंटीन/वसतिगृह/मेस
- हॉटेल्स व रेस्टॉरंट्स
- कत्तलखाने
- पोल्ट्री फार्म
- डेअरी फार्म
- अन्न प्रक्रिया उद्योग
- कृषी अवशेष उपलब्ध असलेली गावे

कच्चा माल जितका जवळ तितका व्यवसाय अधिक फायदेशीर.

2. पुरेशी जागा उपलब्ध असावी

लहान स्तरावर सुरुवात केली तरी भविष्यात विस्ताराची शक्यता ठेवावी.

साधारण:

लहान फार्म: ५०० ते १००० चौ.फूट

व्यावसायिक फार्म : १००० ते ३००० चौ.फूट

मध्यम व्यावसायिक फार्म : ५००० ते १५००० चौ.फूट

मोठा व्यावसायिक फार्म : 1 एकर किंवा अधिक

BSFL उद्योगात उत्पादन वाढवण्यासाठी अतिरिक्त ट्रे, शेड, प्रजनन कक्ष आणि कचरा साठवण क्षेत्र आवश्यक होते.

माझा फार्म ६० x १० मध्ये आहे आणि प्रजनन कक्ष २५ x १०. त्यातून आम्ही रोज ५० किलो अळ्या आणि ५० किलो खतं निर्मिती करतो आमच्या १००० कोंबड्यांची गरज पूर्ण करायला

3. पाणी उपलब्धता

अळ्यांना थेट पाण्याची गरज कमी असली तरी:

- स्वच्छता
- कचरा प्रक्रिया
- आर्द्रता नियंत्रण

- उपकरणे धुणे

यासाठी नियमित पाण्याचा स्रोत आवश्यक आहे.

बोअरवेल, विहीर किंवा ग्रामपंचायत पाणीपुरवठा उपलब्ध असणे फायदेशीर ठरते.

4. वीज उपलब्धता

वीज नसली तरी लहान फार्म चालू शकतो. परंतु व्यावसायिक उत्पादनासाठी वीज अत्यंत उपयुक्त आहे.

वीजेचा वापर:

- दिवे
- पंखे
- चाळणी यंत्र
- मिक्सर
- फॉगर (आर्द्रता नियंत्रण)
- इतर यंत्रसामग्री
- सुरक्षा व्यवस्था

चाळणी यंत्रासाठी थ्री फेज सप्लाय आवश्यक असतो आमच्याकडे तो उपलब्ध नव्हता त्यामुळे आम्हाला अतिरिक्त खर्च करून व VFD लावायला लागला.

5. पूरमुक्त जागा

पावसाळ्यात पाणी साचणारी जागा टाळावी.

कारणे:

- ट्रे खराब होतात
- कचरा कुजतो
- रोगकारक वाढतात
- अळ्यांचे मृत्यू वाढू शकतात

जागा किंचित उंचावर असावी.

6. चांगली हवा खेळती राहणारी जागा

BSFL फार्ममध्ये नैसर्गिक वायुवीजन महत्त्वाचे असते.

फायदे:

- दुर्गंधी कमी होते
- तापमान नियंत्रित राहते
- माशांचे प्रजनन सुधारते
- बुरशी कमी होते

पूर्ण बंदिस्त जागेपेक्षा हवेशीर शेड अधिक योग्य असते. आम्ही फॉर्म कन्स्ट्रक्ट करताना चहू बाजूने फक्त जाळी मारलेली आहे जेणेकरून हवा खेळती राहते.

7. निवासी भागापासून योग्य अंतर

BSFL स्वतः त्रासदायक नसली तरी कचरा हाताळणीमुळे शेजाऱ्यांच्या तक्रारी येऊ शकतात.

म्हणून:

- दाट वस्तीपासून थोडे दूर
- औद्योगिक किंवा कृषी क्षेत्रात

- वाहतूक सुलभ असलेल्या ठिकाणी

फार्म उभारणे अधिक योग्य ठरते. नाही म्हटले तरी बीएसएफ फार्म मधून बऱ्यापैकी वास येतो.

8. रस्त्याची सुविधा

कच्चा माल आणणे आणि तयार उत्पादन विकणे या दोन्हीसाठी चांगला रस्ता आवश्यक आहे.

विशेषतः

- पावसाळ्यात वाहतूक बंद होऊ नये
- ट्रॅक्टर, पिकअप किंवा ट्रक सहज पोहोचू शकतील

अशी जागा निवडावी. आमच्याकडे ही सर्वात मोठी समस्या आहे. शेतात याचा शेवटचा पाचशे मीटर कच्चा रस्ता आहे.

9. वन्य प्राणी व भक्षकांपासून संरक्षण

उंदीर, सरडे, पक्षी, मुंग्या, बेडूक आणि काही कीटक BSFL वर उपजीविका करू शकतात.

त्यामुळे:

- कंपाउंड
- जाळी
- योग्य शेड

यांची व्यवस्था करणे आवश्यक आहे.

10. भविष्यातील विस्ताराचा विचार

अनेक उद्योजक सुरुवातीला 100 किलो कचरा प्रक्रिया करतात आणि काही वर्षांत 5 ते 10 टन प्रतिदिन क्षमतेपर्यंत पोहोचतात. म्हणून जागा निवडताना फक्त आजची गरज नव्हे तर पुढील 5 ते 10 वर्षांचा विचार करावा.

हवामान आवश्यकता

Black Soldier Fly ही उष्णकटिबंधीय आणि उपउष्णकटिबंधीय प्रदेशातील माशी आहे. त्यामुळे भारतातील बहुतांश भाग BSFL पालनासाठी नैसर्गिकरीत्या अनुकूल आहेत. तरीसुद्धा तापमान, आर्द्रता, प्रकाश आणि हवेची देवाणघेवाण यांचा उत्पादनावर थेट परिणाम होतो.

BSFL फार्म यशस्वी करायचा असेल तर माशी आणि अळी या दोन्हींच्या हवामान गरजा समजून घेणे आवश्यक आहे.

तापमान

तापमान हा सर्वात महत्त्वाचा घटक आहे.

साधारणपणे:

- 20°C खाली वाढ मंदावते
- 25°C ते 32°C सर्वोत्तम
- 35°C पेक्षा जास्त तापमानात ताण वाढतो
- 40°C जवळ मृत्यूदर वाढू शकतो

अळीचे खाद्य सेवन, वाढीचा वेग आणि रूपांतरण क्षमता हे सर्व तापमानावर अवलंबून असते.

उदाहरणार्थ:

- 28°C ते 30°C मध्ये अळ्या सर्वात जलद वाढतात
- 20°C खाली जीवनचक्र लांबते
- थंड हवामानात उत्पादन घटते

आमच्या संभाजीनगर येथील फार्ममध्ये आम्हाला जाणवले की मे महिन्यामध्ये आमचे उत्पादन कमालीचे घटते.

आर्द्रता (Humidity)

अळ्यांना ओलावा आवश्यक असतो, पण जास्त ओलावा घातक ठरू शकतो.

योग्य आर्द्रता 60% ते 80%

कमी आर्द्रतेचे परिणाम:

- अंडी कोरडी पडतात
- अळ्यांची वाढ कमी होते
- खाद्य लवकर सुकते

अतिरिक्त आर्द्रतेचे परिणाम:

- बुरशी वाढते
- दुर्गंधी निर्माण होते
- रोगकारक सूक्ष्मजीव वाढतात

म्हणून संतुलित आर्द्रता राखणे महत्त्वाचे आहे.

सूर्यप्रकाश

प्रौढ Black Soldier Fly च्या प्रजननासाठी प्रकाश अत्यंत महत्त्वाचा असतो.

नैसर्गिक परिस्थितीत:

- तेजस्वी प्रकाशात माशी अधिक सक्रिय असते
- सूर्यप्रकाशामुळे मिलन (mating) वाढते
- अंडी उत्पादन सुधारते

पूर्ण अंधारात किंवा कमी प्रकाशात:

- प्रजनन घटू शकते
- अंडी उत्पादन कमी होऊ शकते

यामुळे प्रजनन विभागात भरपूर नैसर्गिक प्रकाश उपलब्ध असावा.

पाऊस

पाऊस हा थेट समस्या नसून अप्रत्यक्ष धोका असतो.

अतिवृष्टीमुळे:

- ट्रेमध्ये पाणी साचते
- खाद्य खराब होते
- अळ्या बुडू शकतात
- बुरशी वाढते

म्हणून:

- मजबूत छप्पर
- योग्य ड्रेनेज
- पाणी न साचणारी जागा

अत्यावश्यक आहे.

वायुवीजन

BSFL फार्ममध्ये चांगले वायुवीजन असणे गरजेचे आहे.

फायदे:

- उष्णता कमी होते
- दुर्गंधी कमी होते
- बुरशीचा प्रादुर्भाव कमी होतो
- माशांची हालचाल सुधारते

पूर्ण बंद शेडपेक्षा जाळीदार किंवा हवेशीर शेड अधिक उपयुक्त ठरते.

उष्ण हवामानातील आव्हाने

मे महिन्यात अनेक भागात तापमान 40°C पेक्षा जास्त जाते.

अशावेळी:

- अळ्यांवर ताण येतो
- खाद्य लवकर सडते
- मृत्यूदर वाढतो

उपाय:

- शेडनेट
- फॉगिंग
- पाण्याचे फवारे

- अतिरिक्त वायुवीजन

भारतातील हवामान अनुकूलता

भारत BSFL उद्योगासाठी जगातील सर्वात अनुकूल देशांपैकी एक मानला जाऊ शकतो.

कारणे:

- वर्षातील मोठा कालावधी उष्ण हवामान
- भरपूर सेंद्रिय कचरा
- नैसर्गिक प्रजननास अनुकूल वातावरण
- कमी ऊर्जा खर्च

यामुळे युरोप किंवा थंड देशांच्या तुलनेत भारतात BSFL उत्पादन अधिक किफायतशीर होऊ शकते.

शेड डिझाईन

BSFL उद्योगात शेड म्हणजे फक्त पाऊस आणि उन्हापासून संरक्षण देणारी रचना नाही. योग्य शेड हे तापमान नियंत्रण, आर्द्रता व्यवस्थापन, प्रजनन, अळी उत्पादन, कचरा प्रक्रिया आणि बायोसेक्युरिटी यांचे केंद्र असते. अनेक वेळा BSFL उद्योगातील यश किंवा अपयश हे शेडच्या डिझाईनवर अवलंबून असते. महागडी शेड बांधल्यानेच यश मिळते असे नाही. योग्य नियोजन केलेली साधी शेड देखील उत्कृष्ट उत्पादन देऊ शकते.

चांगल्या BSFL शेडचे उद्दिष्ट:

- पावसापासून संरक्षण
- थेट सूर्यप्रकाश नियंत्रण
- चांगले वायुवीजन

- तापमान नियंत्रण
- प्रजननासाठी योग्य वातावरण
- कामगारांना सोयीस्कर हालचाल
- स्वच्छता आणि जैवसुरक्षा

शेडची दिशा

शक्य असल्यास शेडची लांबी पूर्व-पश्चिम (East-West) दिशेत ठेवावी.

फायदे:

- दिवसभर उष्णता कमी लागते
- थेट सूर्यकिरणांचा प्रभाव कमी होतो
- आतील तापमान तुलनेने स्थिर राहते

शेडची उंची

BSFL शेड फार कमी उंचीची नसावी. आमच्या शेडची उंची फक्त आठ फूट आहे त्यामुळे तापमान थोडे जास्त जाणवते.

साधारण:

बाजूची उंची : ८ ते 10 फूट

मध्यभागी उंची : १० ते १२ फूट

उंच शेडमध्ये:

- गरम हवा वर जाते
- तापमान कमी राहते

- वायुवीजन सुधारते

छप्पर (Roof)

छप्पर हा शेडमधील सर्वात महत्त्वाचा भाग आहे.

सामान्य पर्याय:

GI पत्रा (टिन शेड)

- कमी खर्च
- टिकाऊ
- उन्हाळ्यात जास्त तापमान

सँडविच पॅनल

- उत्कृष्ट तापमान नियंत्रण
- महाग

फायबर शीट

- प्रकाश मिळतो
- कालांतराने खराब होऊ शकते

कौलारू छप्पर

- नैसर्गिक थंडावा
- जास्त जागा व खर्च

PVC शीट सुद्धा आता उपलब्ध होऊ लागल्या आहेत. व्यावसायिक फार्मसाठी GI पत्र्याखाली थर्मल इन्सुलेशन लावल्यास चांगले परिणाम मिळतात. माकडांचा त्रास नसल्यास सिमेंट पत्रे प वापरू शकता.

बाजूंची रचना

BSFL शेड पूर्णपणे बंद नसावी.

सामान्यतः:

50% ते 80% भाग जाळीचा, उर्वरित भाग गरज असल्यास भिंतीचा. आमच्या शेडमध्ये चारी बाजूंनी जाळी आहे.

फायदे:

- हवा खेळती राहते

- तापमान कमी राहते
- दुर्गंधी कमी होते

फ्लोअरिंग

जमिनीवर थेट ट्रे ठेवणे टाळावे. सर्वोत्तम पर्याय म्हणजे काँक्रीट फ्लोअर

फायदे:

- स्वच्छता सोपी
- पाणी साचत नाही
- कीटक नियंत्रण सोपे
- ट्रॉली व उपकरणांची हालचाल सोपी

फ्लोअरला 1% ते 2% उतार देऊन ड्रेनेजची व्यवस्था करावी. आम्ही फक्त मुरूम टाकून शेड बनवली पैसे वाचले पण आयुष्यभराचा त्रास तयार झाला. अन्नपदार्थ तेथे पडून वास येतो आणि आम्हाला फ्लोअर धुता येत नाही.

शेडमधील विभाग

मोठ्या फार्ममध्ये वेगवेगळे विभाग असणे आवश्यक आहे.

1. प्रजनन विभाग
2. अंडी संकलन विभाग
3. नवजात अळी विभाग
4. वाढणारी अळी विभाग
5. प्रीप्युपा विभाग
6. कचरा साठवण विभाग
7. तयार उत्पादन विभाग

8. उपकरण साठवण विभाग

यामुळे व्यवस्थापन सुलभ होते.

प्रजनन विभागासाठी विशेष व्यवस्था

प्रौढ BSF माशांसाठी स्वतंत्र विभाग असावा.

आवश्यकता:

- भरपूर प्रकाश
- उंच जागा
- जाळीने पूर्ण बंदिस्त
- अंडी घालण्यासाठी ओव्हिपोझिशन ब्लॉक्स

प्रजनन विभाग हा संपूर्ण उद्योगाचा पाया असतो.

शेडनेटचा वापर

अनेक ठिकाणी 50% ते 75% शेडनेट वापरले जाते.

फायदे:

- तापमान कमी होते
- सूर्यप्रकाश नियंत्रित होतो
- खर्च कमी

लहान आणि मध्यम फार्मसाठी हा उत्तम पर्याय आहे.

ड्रेनेज व्यवस्था

BSFL शेडमध्ये पाणी साचणे अत्यंत धोकादायक असते.

म्हणून:

- बाजूला गटार
- पावसाचे पाणी बाहेर जाण्याची व्यवस्था
- फ्लोअर उतारयुक्त असणे आवश्यक आहे.

विस्तारक्षम डिझाईन

शेड बांधताना सुरुवातीच्या क्षमतेपेक्षा किमान दुप्पट विस्ताराचा विचार करावा.

उदाहरण: आज 500 किलो कचरा प्रक्रिया होत असेल, उद्या 2 टन क्षमता लागेल. यासाठी जागा आणि डिझाईन आधीच तयार ठेवावे.

सामान्य चुका:

- कमी उंचीची शेड
- पूर्ण बंदिस्त रचना
- अपुरा प्रकाश
- पाणी साचणारी जमीन
- विस्तारासाठी जागा न ठेवणे
- प्रजनन विभागाकडे दुर्लक्ष

या चुका उत्पादनावर थेट परिणाम करतात.

लहान फार्म डिझाईन

प्रत्येक मोठ्या BSFL उद्योगाची सुरुवात एका लहान युनिटपासूनच होते. त्यामुळे नवशिक्या व्यक्तीने थेट मोठी गुंतवणूक करण्याऐवजी लहान फार्मपासून सुरुवात करणे अधिक शहाणपणाचे ठरते.

लहान फार्मचा उद्देश फक्त उत्पादन घेणे नसून BSFL चे संपूर्ण जीवनचक्र, व्यवस्थापन, खाद्य प्रक्रिया, प्रजनन, हार्वेस्टिंग आणि विक्री यांचा प्रत्यक्ष अनुभव मिळवणे हा असतो.

लहान फार्म म्हणजे काय?

साधारणपणे:

- १० ते १०० किलो कचरा प्रतिदिन प्रक्रिया क्षमता
- ५०० ते १००० चौ.फूट जागा
- कमी भांडवली गुंतवणूक
- कुटुंबातील सदस्यांद्वारे व्यवस्थापन

अशा युनिटला लहान BSFL फार्म म्हणता येईल.

लहान फार्मची उद्दिष्टे

- BSFL पालन शिकणे
- स्वतःच्या पोल्ट्री, मासे किंवा पशुधनासाठी खाद्य तयार करणे
- स्थानिक कचरा व्यवस्थापन
- भविष्यातील व्यावसायिक विस्तारासाठी अनुभव मिळवणे

आवश्यक जागा

किमानः

१० फूट × ५0 फूट (५०० चौ.फूट)

आदर्शः

२० फूट × ५0 फूट (१००० चौ.फूट)

यामध्येः

- अळी उत्पादन विभाग
- प्रजनन विभाग
- कचरा साठवण
- उत्पादन साठवण

या सर्व गोष्टी बसू शकतात.

शेड रचना

लहान फार्मसाठी महागडी इमारत आवश्यक नसते.

योग्य पर्यायः

- बांबू संरचना
- GI पाइप
- अँगल फ्रेम
- शेडनेट
- टीन किंवा फायबर छप्पर

मुख्य उद्देशः

- पाऊस थांबवणे
- थेट उन्हापासून संरक्षण
- चांगले वायुवीजन

ट्रे प्रणाली

लहान फार्ममध्ये ट्रे आधारित प्रणाली सर्वात सोपी असते.

ट्रे आकार:

- १.५ फूट × २ फूट एकावर एक (Stacking) ठेवता येणारे
- २ फूट × ११ फूट शिवलेले

साहित्य:

- प्लास्टिक ट्रे
- फायबर ट्रे
- HDPE कंटेनर
- शेततळ्याच्या कापडाचे टब

स्टँडवर ट्रे ठेवाव्यात.

यामुळे:

- जागा वाचते
- स्वच्छता सोपी होते
- हार्वेस्टिंग सुलभ होते

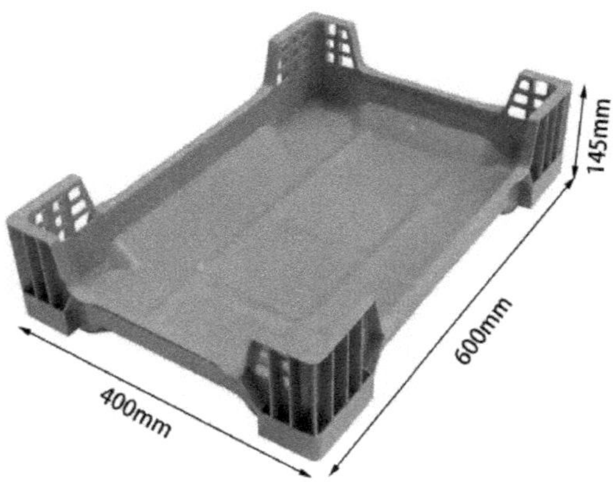

प्रजनन विभाग

नवशिक्यांकडून सर्वात जास्त दुर्लक्षित भाग म्हणजे प्रजनन विभाग.

साधारण १ मीटर x १ मीटर x २ मीटर मापाची मच्छरदाणी

यामध्ये:

- प्रौढ माशा
- पाणी
- अंडी घालण्यासाठी लाकडी पट्ट्या

ठेवता येतात.

खाद्य तयारी विभाग

कचरा प्रक्रिया करण्यासाठी छोटे क्षेत्र आवश्यक असते.

याठिकाणी:

- कचरा वर्गीकरण
- चिरणे
- मिश्रण तयार करणे
- ही कामे केली जातात.

हार्वेस्टिंग विभाग

प्रीप्युपा आणि तयार अळ्या गोळा करण्यासाठी स्वतंत्र जागा ठेवावी.

फायदे:

- स्वच्छता वाढते
- उत्पादनाचे वर्गीकरण सोपे होते

स्वयंचलित हार्वेस्टिंग

लहान फार्ममध्ये अत्यंत महाग स्वयंचलित यंत्रणा आवश्यक नसते. अगदी लघु फार्म मध्ये ऑटोमॅटिक हार्वेस्टिंग करण्याची डबे येतात अमेरिकेमध्ये ते सहजपणे मिळतात. आमच्या फार्ममध्ये आम्ही हाताने चाळून आल्या बाहेर काढतो.

साधे उपाय:

- उतार असलेले कंटेनर
- स्वयं-संकलन रॅम्प
- हाताने वर्गीकरण

हे पुरेसे असते.

कामगार आवश्यकता

10 ते 50 किलो प्रतिदिन क्षमतेसाठी 1 व्यक्ती पुरेशी

50 ते 100 किलो क्षमतेसाठी 1 ते 2 व्यक्ती

अनेक शेतकरी हे पूर्णपणे कुटुंबाच्या मदतीने चालवू शकतात.

लहान फार्ममधील सामान्य चुका

- खूप मोठी सुरुवात करणे
- स्वतः अंडी उत्पादन न करणे (काही महिन्यांची वाट पाहून)
- जास्त ओलावा ठेवणे
- पाणी साचू देणे
- कच्च्या मालाचा स्थिर स्रोत नसणे
- नोंदी न ठेवणे

विस्तारासाठी तयारी

लहान फार्म उभारतानाच पुढील विस्ताराचा विचार करावा.

उदाहरण:

- सुरुवात 20 किलो प्रतिदिन
- नंतर 100 किलो
- त्यानंतर 500 किलो

अशी वाढ सहज करता येईल असे डिझाईन ठेवावे.

मध्यम फार्म डिझाईन

लहान फार्ममध्ये तंत्रज्ञान आणि व्यवस्थापनाची समज मिळाल्यानंतर पुढील टप्पा म्हणजे मध्यम क्षमतेचा BSFL फार्म. हा टप्पा अत्यंत महत्त्वाचा असतो कारण येथे छंद किंवा प्रयोग संपून व्यवसायाची खरी सुरुवात होते.

मध्यम फार्ममध्ये उत्पादन, कचरा प्रक्रिया, प्रजनन, कामगार व्यवस्थापन आणि विक्री यांचे व्यावसायिक स्वरूप तयार होऊ लागते.

मध्यम फार्म म्हणजे काय?

साधारणपणे:

- 500 किलो ते 5 टन कचरा प्रतिदिन प्रक्रिया
- 5,000 ते 15,000 चौ.फूट जागा
- नियमित व्यावसायिक उत्पादन
- स्वतंत्र कामगार व्यवस्था

अशा युनिटला मध्यम BSFL फार्म म्हणता येईल.

मध्यम फार्मची उद्दिष्टे

- व्यावसायिक स्तरावर अळी उत्पादन
- सेंद्रिय कचऱ्याचे मोठ्या प्रमाणावर व्यवस्थापन
- पशुखाद्य उद्योगाला पुरवठा
- सुकवलेल्या BSFL आणि फ्रास विक्री
- स्वतःचे अंडी उत्पादन

जागेचे नियोजन

मध्यम फार्ममध्ये प्रत्येक विभाग स्वतंत्र असावा.

सामान्य विभाग:

- कच्चा माल प्राप्ती विभाग
- कचरा प्रक्रिया विभाग
- अंडी उत्पादन विभाग
- नवजात अळी विभाग
- वाढीचा विभाग
- प्रीप्युपा विभाग
- उत्पादन प्रक्रिया विभाग
- फ्रास साठवण विभाग
- तयार माल साठवण विभाग
- कार्यालय आणि नोंदी विभाग

लहान फार्मप्रमाणे सर्व काही एका शेडमध्ये मिसळलेले नसावे.

शेड संरचना

साधारण:

- GI किंवा स्टील स्ट्रक्चर
- 12 ते 16 फूट बाजूची उंची
- 18 ते 22 फूट मध्य उंची
- मजबूत छप्पर
- जाळीदार बाजू

मोठ्या प्रमाणात कचरा असल्यामुळे उत्कृष्ट वायुवीजन आवश्यक असते.

कच्चा माल प्राप्ती क्षेत्र

फार्ममध्ये येणारा सर्व कचरा प्रथम येथे आणला जातो.

याठिकाणी:

- वजन
- वर्गीकरण
- तपासणी

केली जाते.

अयोग्य सामग्री:

- प्लास्टिक
- काच
- धातू
- रसायने

सुरुवातीलाच वेगळी करावी.

कचरा प्रक्रिया विभाग

मध्यम फार्ममध्ये कचरा पूर्वतयार करणे फायदेशीर ठरते.

यासाठी:

- श्रेडर
- मिक्सर
- फर्मेंटेशन टाक्या

वापरल्या जाऊ शकतात. यामुळे अळ्यांची वाढ वेगवान होते.

प्रजनन विभाग

हा विभाग संपूर्ण फार्मचा "बीजोत्पादन विभाग" असतो.

यामध्ये:

- स्वतंत्र माशी पिंजरे
- नियंत्रित आर्द्रता
- अंडी संकलन यंत्रणा
- प्रकाश व्यवस्था

असावी.

स्वतःचे अंडी उत्पादन केल्याशिवाय दीर्घकालीन व्यवसाय मजबूत होत नाही.

अळी उत्पादन विभाग

हा सर्वात मोठा विभाग असतो.

साधारण:

- बहुस्तरीय रॅक प्रणाली
- मोठ्या ट्रे
- बॅच पद्धती

वापरली जाते.

फायदे:

जागेचा जास्तीत जास्त वापर

- व्यवस्थापन सुलभ
- उत्पादनाचा अंदाज सोपा
- स्वयं-संकलन प्रणाली
- मध्यम फार्ममध्ये प्रीप्युपा स्वतः बाहेर पडतील अशी व्यवस्था करावी.

यासाठी:

- उतार असलेले कंटेनर
- हार्वेस्टिंग रॅम्प
- संकलन बॉक्स

वापरले जातात. यामुळे मजुरी कमी होते.

उत्पादन प्रक्रिया विभाग

येथे:

- जिवंत अळ्यांची विक्री
- सुकवणे
- तेल काढणे
- पावडर तयार करणे

अशी कामे होतात. यासाठी स्वतंत्र स्वच्छ विभाग असावा.

फ्रास विभाग

अळी उत्पादनाइतकेच फ्रासचे व्यवस्थापन महत्त्वाचे आहे.

फ्रास:

- वाळवणे
- चाळणे
- पॅकिंग

यासाठी स्वतंत्र जागा असावी.

कामगार आवश्यकता

साधारण:

क्षमता	कामगार
500 किलो/दिवस	2 ते 3
1 टन/दिवस	3 ते 5
3 टन/दिवस	5 ते 8
5 टन/दिवस	8 ते 12

यांत्रिकीकरण वाढल्यास कामगारांची गरज कमी होते.

नोंदी व्यवस्थापन

मध्यम फार्ममध्ये डेटा अत्यंत महत्त्वाचा असतो.

नोंदी:

- आलेला कचरा

- वापरलेले खाद्य
- अंडी उत्पादन
- अळी उत्पादन
- मृत्यूदर
- विक्री

यांचा नियमित रेकॉर्ड ठेवावा.

जैवसुरक्षा

मध्यम फार्ममध्ये बायोसेक्युरिटी अधिक महत्त्वाची बनते.

उपाय:

- प्रवेश नियंत्रण
- पादस्नान (Foot Bath)
- नियमित स्वच्छता
- उंदीर नियंत्रण
- माशी नियंत्रण

विस्तारक्षम रचना

मध्यम फार्म डिझाईन करताना पुढे 5 ते 10 पट वाढ होईल असे गृहीत धरावे.

उदाहरण:

- आज 1 टन क्षमता
- उद्या 5 टन
- पुढे 20 टन

अशी वाढ लक्षात घेऊन लेआउट तयार करावा.

मध्यम फार्ममधील सामान्य चुका

- प्रजनन विभागाकडे दुर्लक्ष
- कच्चा माल आणि उत्पादन विभाग एकत्र ठेवणे
- अपुरा ड्रेनेज
- नोंदी न ठेवणे
- जास्त गर्दी करणे
- विस्तारासाठी जागा न ठेवणे

मोठे व्यावसायिक फार्म डिझाईन

व्यावसायिक BSFL फार्म म्हणजे फक्त अळ्या तयार करणारी जागा नाही. तो एक पूर्ण जैव-रूपांतरण (Bioconversion) उद्योग असतो. येथे दररोज अनेक टन सेंद्रिय कचरा प्रक्रिया करून त्याचे उच्च मूल्य असलेल्या उत्पादनांमध्ये रूपांतर केले जाते.

या स्तरावर उद्देश फक्त उत्पादन वाढवणे नसून प्रति टन कचऱ्यामागे जास्तीत जास्त नफा मिळवणे हा असतो.

व्यावसायिक फार्मची मुख्य उद्दिष्टे

- मोठ्या प्रमाणात कचरा प्रक्रिया
- BSFL उत्पादन
- BSFL Meal उत्पादन
- BSFL Oil उत्पादन
- Frass उत्पादन
- अंडी विक्री
- प्रीप्युपा विक्री
- कार्बन आणि कचरा व्यवस्थापन सेवा

मोठ्या उद्योगांमध्ये उत्पन्नाचे अनेक स्रोत असतात.

व्यावसायिक फार्मचे प्रमुख विभाग

1. कच्चा माल प्राप्ती विभाग

येथे दररोज अनेक ट्रक कचरा येऊ शकतो.

यासाठी:

- वजन काटा
- अनलोडिंग क्षेत्र
- वर्गीकरण विभाग
- प्राथमिक तपासणी

असावी. प्रत्येक टन कचऱ्याची नोंद ठेवली जाते.

2. कचरा पूर्व-प्रक्रिया विभाग

व्यावसायिक फार्ममध्ये कचरा थेट अळ्यांना दिला जात नाही.

सामान्य प्रक्रिया:

- वर्गीकरण
- चिरणे
- मिश्रण
- आर्द्रता समायोजन
- प्री-फर्मेंटेशन

यामुळे अळ्यांची कार्यक्षमता वाढते.

3. प्रजनन संकुल (Breeding Complex)

व्यावसायिक फार्मचा सर्वात महत्त्वाचा विभाग.

यामध्ये:

- प्रौढ माशी विभाग

- मिलन विभाग
- अंडी उत्पादन विभाग
- अंडी उबवणी विभाग

स्वतंत्र असतात. मोठ्या उद्योगांचे यश त्यांच्या प्रजनन क्षमतेवर अवलंबून असते.

4. नवजात अळी विभाग

अंडी उबल्यानंतरची पहिली अवस्था अत्यंत संवेदनशील असते.

येथे:

- नियंत्रित वातावरण
- विशेष खाद्य
- सतत निरीक्षण

असते. चांगल्या सुरुवातीमुळे पुढील उत्पादन वाढते.

5. वाढीचा विभाग (Grow-Out Section)

हा संपूर्ण फार्ममधील सर्वात मोठा भाग असतो.

येथे:

- लाखो ते कोट्यवधी अळ्या
- मोठ्या ट्रे
- रॅक प्रणाली
- स्वयंचलित खाद्य पुरवठा

असतो.

एकूण उत्पादनाचा बहुतेक भाग येथे तयार होतो.

6. हार्वेस्टिंग विभाग

प्रीप्युपा किंवा तयार अळ्या गोळा करण्यासाठी स्वतंत्र व्यवस्था असते.

सामान्यतः

- स्वयं-संकलन रॅम्प
- यांत्रिक विभाजन यंत्रणा
- स्क्रीनिंग प्रणाली

वापरली जाते.

7. BSFL Meal उत्पादन विभाग

व्यावसायिक उद्योगात बहुतेक नफा येथे तयार होतो.

प्रक्रिया:

1. अळ्यांची हार्वेस्टिंग
2. धुणे
3. वाळवणे
4. दळणे
5. पॅकिंग

यातून प्रथिनयुक्त BSFL Meal तयार होते.

8. BSFL Oil विभाग

मोठ्या उद्योगांमध्ये अळ्यांमधून तेल काढले जाते.

उपयोग:

- पशुखाद्य
- मत्स्यखाद्य
- पाळीव प्राणी खाद्य
- जैवइंधन संशोधन

9. Frass प्रक्रिया विभाग

Frass हा उपउत्पादन नसून स्वतंत्र उत्पादन असतो.

प्रक्रिया:

- वाळवणे
- चाळणी
- पॅकिंग

मोठ्या प्रमाणावर सेंद्रिय खत म्हणून विक्री होते.

10. तयार माल गोदाम

स्वतंत्र गोदामामध्ये:

- BSFL Meal
- BSFL Oil
- Frass
- अंडी

साठवली जातात.

यांत्रिकीकरण

व्यावसायिक फार्ममध्ये यंत्रांचा वापर मोठ्या प्रमाणावर होतो.

उदाहरण:

- श्रेडर
- मिक्सर
- कन्व्हेयर
- ड्रायर
- ऑइल एक्सपेलर
- पॅकिंग मशीन

यामुळे उत्पादन खर्च कमी होतो.

पाणी व्यवस्थापन

मोठ्या फार्ममध्ये:

- पावसाचे पाणी संकलन
- पुनर्वापर प्रणाली
- सांडपाणी व्यवस्थापन

अत्यावश्यक असते.

ऊर्जा व्यवस्थापन

दररोज मोठ्या प्रमाणात वीज लागते.

सामान्यतः:

- सौर ऊर्जा
- डीजी सेट
- ग्रीड वीज

यांचे संयोजन वापरले जाते.

मनुष्यबळ

क्षमता	कामगार
10 टन/दिवस	10 ते 20
25 टन/दिवस	20 ते 40
50 टन/दिवस	40 ते 80

यांत्रिकीकरण वाढल्यास कामगार संख्या कमी होऊ शकते.

गुणवत्ता नियंत्रण प्रयोगशाळा

मोठ्या उद्योगांमध्ये:

- प्रथिने तपासणी
- चरबी तपासणी
- आर्द्रता तपासणी
- सूक्ष्मजीव तपासणी

यासाठी स्वतंत्र प्रयोगशाळा असते.

फार्म लेआउट

BSFL उद्योगात शेड, ट्रे किंवा उपकरणे यापेक्षा अधिक महत्त्वाची गोष्ट म्हणजे फार्म लेआउट. योग्य लेआउटमुळे कामगारांची हालचाल कमी होते, उत्पादन खर्च घटतो, स्वच्छता राखणे सोपे होते आणि जैवसुरक्षा सुधारते.

अनेक वेळा समान आकाराच्या दोन फार्मपैकी जास्त नफा त्या फार्मला मिळतो ज्याचा लेआउट अधिक कार्यक्षम असतो.

फार्म लेआउट म्हणजे काय?

फार्ममधील विविध विभागांची अशी मांडणी की ज्यामुळे:

- कामाचा प्रवाह सुरळीत राहील
- अनावश्यक हालचाल कमी होईल
- उत्पादन वाढेल
- रोग आणि दूषितीकरणाचा धोका कमी होईल

यालाच फार्म लेआउट म्हणतात.

एक मूलभूत तत्त्व

BSFL फार्ममध्ये कच्चा माल एका बाजूने आत आला पाहिजे आणि तयार उत्पादन दुसऱ्या बाजूने बाहेर गेले पाहिजे. कच्चा माल आणि तयार उत्पादन यांचा संपर्क शक्यतो टाळावा. याला "वन-वे फ्लो सिस्टम" म्हणतात.

आदर्श कामाचा प्रवाह

संपूर्ण फार्ममध्ये कामाची दिशा साधारण अशी असावी:

कच्चा माल प्राप्ती विभाग

↓

कचरा वर्गीकरण

↓

कचरा प्रक्रिया

↓

अळी उत्पादन विभाग

↓

प्रीप्युपा/हार्वेस्टिंग विभाग

↓

प्रक्रिया विभाग

↓

तयार उत्पादन गोदाम

↓

विक्री

हा प्रवाह जितका सरळ तितकी कार्यक्षमता जास्त.

लेआउटमधील प्रमुख विभाग

1. प्रवेशद्वार

मुख्य प्रवेशद्वारावर:

- वाहन प्रवेश
- सुरक्षा
- नोंदणी
- निर्जंतुकीकरण व्यवस्था असावी.
- अनावश्यक व्यक्तींना प्रवेश नसावा.

2. कच्चा माल प्राप्ती विभाग

हा विभाग प्रवेशद्वाराजवळ असावा.

कारणे:

- ट्रकची हालचाल कमी होते
- अनलोडिंग सोपे होते
- कचरा फार्मभर फिरवावा लागत नाही

3. वर्गीकरण व प्रक्रिया विभाग

कच्चा माल प्राप्तीनंतर लगेच हा विभाग असावा.

येथे:

- प्लास्टिक वेगळे करणे
- चिरणे
- मिश्रण करणे
- आर्द्रता समायोजन

केले जाते.

4. प्रजनन विभाग

प्रजनन विभाग फार्मच्या तुलनेने शांत भागात असावा.

कारणे:

- माशींच्या मिलनासाठी स्थिर वातावरण
- कमी मानवी हस्तक्षेप
- कमी आवाज

हा विभाग मुख्य उत्पादन विभागापासून काहीसा वेगळा ठेवणे फायदेशीर ठरते.

5. अंडी उबवणी विभाग

प्रजनन विभागालगत असावा.

फायदे:

- अंडी सहज हस्तांतरित होतात
- मृत्यूदर कमी होतो

6. नवजात अळी विभाग

अंडी उबल्यानंतरच्या सुरुवातीच्या अवस्थेसाठी स्वतंत्र जागा असावी.

हा विभाग अत्यंत स्वच्छ ठेवावा.

7. वाढीचा विभाग

फार्ममधील सर्वात मोठा विभाग.

येथे:

- ट्रे
- रॅक
- खाद्य पुरवठा

यांची व्यवस्था असते. संपूर्ण लेआउटमध्ये सर्वाधिक जागा या विभागाला दिली जाते.

8. हार्वेस्टिंग विभाग

वाढीच्या विभागानंतर लगेच असावा.

यामुळे:

- अळ्या वाहून नेण्याचे अंतर कमी होते
- कामगारांचा वेळ वाचतो

9. प्रक्रिया विभाग

अळ्यांचे:

- वाळवणे

- दळणे
- तेल काढणे

यासाठी स्वतंत्र विभाग असावा. हा विभाग स्वच्छ आणि नियंत्रित वातावरणात असावा.

10. फ्रास विभाग

फ्रास वाळवणे आणि पॅकिंगसाठी स्वतंत्र जागा ठेवावी. फ्रास विभाग आणि प्रजनन विभाग जवळ नसावेत.

11. तयार माल गोदाम

फार्मच्या बाहेर जाणाऱ्या बाजूस असावे.

फायदे:

- लोडिंग सोपे
- वाहतूक खर्च कमी
- उत्पादन सुरक्षित

चालण्याचे मार्ग (Walkways)

चांगल्या लेआउटमध्ये चालण्यासाठी पुरेशी जागा असावी.

साधारण:

- मुख्य मार्ग : 6 ते 10 फूट
- अंतर्गत मार्ग : 3 ते 5 फूट

मार्ग खूप अरुंद असतील तर व्यवस्थापन कठीण होते.

वाहन मार्ग

मोठ्या फार्ममध्ये:

- ट्रॅक्टर
- फोर्कलिफ्ट
- मिनी ट्रक

यांच्यासाठी स्वतंत्र मार्ग ठेवावेत.

पाणी आणि ड्रेनेज

लेआउट तयार करतानाच:

- पाणी पुरवठा
- नाले
- सांडपाणी वाहून नेण्याची व्यवस्था

नियोजित करावी. नंतर बदल करणे खर्चिक ठरते.

विस्तारासाठी जागा

लेआउटमध्ये किमान 30% ते 50% जागा भविष्यातील विस्तारासाठी राखून ठेवावी.

अनेक यशस्वी उद्योगांना नंतर जागेअभावी स्थलांतर करावे लागले आहे.

लेआउटमधील सामान्य चुका

- कच्चा माल आणि तयार उत्पादन एकत्र ठेवणे
- प्रजनन विभाग गोंगाटाच्या ठिकाणी ठेवणे
- ड्रेनेजचा विचार न करणे
- अरुंद मार्ग ठेवणे
- विस्तारासाठी जागा न ठेवणे
- कामाचा प्रवाह उलटा ठेवणे

पाणी व्यवस्थापन

BSFL उद्योगात अळ्यांना मासे किंवा जनावरांप्रमाणे थेट पाणी पाजावे लागत नाही. त्यामुळे अनेकांना वाटते की BSFL फार्ममध्ये पाण्याचे महत्त्व कमी असते. प्रत्यक्षात मात्र योग्य पाणी व्यवस्थापन हे यशस्वी फार्मचे एक महत्त्वाचे आधारस्तंभ आहे.

पाण्याचा वापर मुख्यतः:

- कचरा प्रक्रिया
- आर्द्रता नियंत्रण
- स्वच्छता
- प्रजनन विभाग
- उपकरणे धुणे
- धूळ नियंत्रण

यासाठी केला जातो.

पाण्याचे योग्य व्यवस्थापन नसल्यास अळ्यांची वाढ, अंडी उत्पादन आणि फार्मची स्वच्छता यावर नकारात्मक परिणाम होऊ शकतो.

पाण्याची गरज किती असते?

BSFL फार्ममध्ये पाण्याची गरज इतर पशुपालन उद्योगांच्या तुलनेत कमी असते.

सामान्यतः पाण्याचा वापर:

- कचऱ्याची आर्द्रता समायोजित करणे
- ट्रे स्वच्छ करणे

- फ्लोअर धुणे
- प्रजनन विभागातील आर्द्रता राखणे

यासाठी होतो.

खाद्याची आर्द्रता

BSFL अळ्यांच्या वाढीसाठी खाद्याचा ओलावा अत्यंत महत्त्वाचा असतो.

आदर्श आर्द्रता:

60% ते 70%

कमी ओलावा असल्यास:

- अळ्यांची वाढ मंदावते
- खाद्य कोरडे पडते
- खाद्य सेवन कमी होते

जास्त ओलावा असल्यास:

- दुर्गंधी वाढते
- ऑक्सिजन कमी होतो
- बुरशी वाढते
- अळ्यांचा मृत्यू होऊ शकतो

कचरा प्रक्रिया करताना पाण्याचा वापर

काही कच्चा माल आधीच ओलसर असतो.

उदाहरण:

- फळांचा कचरा
- भाजीपाला कचरा
- ब्रुअरी वेस्ट

यामध्ये अतिरिक्त पाणी लागत नाही. तर काही सामग्रीमध्ये पाणी मिसळावे लागते.

उदाहरण:

- सुका चारा
- धान्य कोंडा
- कोरडे कृषी अवशेष

प्रजनन विभागातील पाणी

प्रौढ BSF माशा फार कमी अन्न घेतात, परंतु त्यांना आर्द्र वातावरणाची गरज असते.

म्हणून:

- पाण्याची भांडी
- ओले स्पंज
- फवारणी व्यवस्था

वापरली जाते. यामुळे अंडी उत्पादन सुधारू शकते.

स्वच्छतेसाठी पाणी

BSFL फार्ममध्ये नियमित स्वच्छता आवश्यक असते.

धुण्यासाठी:

- ट्रे
- कंटेनर
- उपकरणे
- फ्लोअर

यासाठी स्वच्छ पाण्याचा वापर करावा. घाण पाणी वापरल्यास दूषितीकरण वाढू शकते.

ड्रेनेज व्यवस्था

BSFL फार्ममध्ये ड्रेनेज हा पाणीपुरवठ्याइतकाच महत्त्वाचा असतो.

चांगल्या ड्रेनेजची वैशिष्ट्ये:

- फ्लोअरला उतार
- पाणी साचणार नाही
- गटार व्यवस्था
- नियमित साफसफाई

पाणी साचणारा BSFL फार्म दीर्घकाळ यशस्वी होऊ शकत नाही.

सांडपाणी व्यवस्थापन

मोठ्या फार्ममध्ये काही प्रमाणात सांडपाणी निर्माण होऊ शकते.

उत्पत्ती:

- ट्रे धुणे
- फ्लोअर धुणे
- प्रक्रिया विभाग

हे पाणी थेट बाहेर सोडू नये.

शक्य असल्यास:

- गाळणी
- सेटलमेंट टाकी
- पुनर्वापर

यांचा विचार करावा.

पावसाचे पाणी संकलन

मोठ्या फार्ममध्ये Rainwater Harvesting फायदेशीर ठरू शकते.

फायदे:

- भूजल बचत
- कमी खर्च
- आपत्कालीन पाणी साठा

विशेषतः दुष्काळी भागात याचा मोठा फायदा होतो.

पाण्याची गुणवत्ता

सर्व पाणी पिण्यायोग्य असावे अशी गरज नसली तरी अत्यंत दूषित पाणी वापरू नये.

टाळावे:

- औद्योगिक सांडपाणी
- रासायनिक प्रदूषण
- खूप खारट पाणी

यामुळे उत्पादनावर परिणाम होऊ शकतो.

वीज आवश्यकता

BSFL उद्योगाचा एक मोठा फायदा म्हणजे इतर अनेक पशुपालन आणि कृषी उद्योगांच्या तुलनेत वीजेची गरज तुलनेने कमी असते. लहान फार्म तर अनेक वेळा जवळजवळ वीजेशिवायही चालू शकतो. मात्र फार्मचा आकार वाढत गेला की वीजेचे महत्त्व वाढत जाते.

वीज ही BSFL उत्पादनाची प्राथमिक गरज नसली तरी कार्यक्षमता, उत्पादनातील सातत्य आणि व्यवस्थापनाची सोय यासाठी ती अत्यंत उपयुक्त ठरते.

वीजेचा वापर कुठे होतो?

सामान्यतः वीजेचा वापर खालील कामांसाठी होतो:

प्रकाश व्यवस्था

- पंखे
- फॉगर्स
- पाणी पंप
- श्रेडर
- मिक्सर
- ड्रायर
- ऑइल एक्सपेलर
- पॅकिंग मशीन
- कार्यालयीन उपकरणे

प्रकाश व्यवस्था

BSFL फार्ममध्ये अत्यंत तेजस्वी प्रकाशाची गरज नसते. प्रौढ BSF माशांच्या मिलनासाठी प्रकाश महत्त्वाचा असतो. सर्वोत्तम पर्याय नैसर्गिक सूर्यप्रकाश

जर तो उपलब्ध नसेल तर:

- Full Spectrum LED
- UV सहाय्यक प्रकाश

वापरला जाऊ शकतो.

परंतु भारतातील बहुतांश भागात नैसर्गिक प्रकाश पुरेसा असतो.

वायुवीजनासाठी वीज

उन्हाळ्यात:

- एक्झॉस्ट फॅन
- सर्क्युलेशन फॅन

वापरणे फायदेशीर ठरते.

यामुळे:

- तापमान कमी होते
- दुर्गंधी कमी होते
- अळ्यांचा ताण कमी होतो

पाणी व्यवस्थापनासाठी वीज

पाण्याचे स्रोत:

- बोअरवेल
- विहीर

- टाकी

असल्यास पंप आवश्यक असतो. मोठ्या फार्ममध्ये स्वयंचलित पाणी प्रणाली वापरली जाऊ शकते.

कचरा प्रक्रिया उपकरणे

मोठ्या फार्ममध्ये:

- श्रेडर - कचरा लहान तुकड्यांमध्ये कापतो.
- मिक्सर - विविध कच्चा माल एकसारखा मिसळतो.
- कन्व्हेयर - कचरा आणि उत्पादन वाहून नेतो.

ही उपकरणे वीजेवर चालतात.

सुकवणी (Drying)

BSFL Meal तयार करताना आर्द्रता कमी करणे आवश्यक असते.

पद्धती:

नैसर्गिक सुकवणी

- कमी खर्च
- जास्त वेळ

यांत्रिक ड्रायर

- जलद
- मोठ्या प्रमाणासाठी योग्य

- जास्त वीज वापर

बॅकअप वीज

व्यावसायिक फार्ममध्ये:

- इन्व्हर्टर
- जनरेटर
- सौर ऊर्जा

यांचा विचार करावा.

विशेषतः:

- प्रजनन विभाग
- प्रक्रिया विभाग

याठिकाणी अचानक वीज गेल्यास कामावर परिणाम होऊ शकतो.

सौर ऊर्जेचा वापर

BSFL उद्योगासाठी सौर ऊर्जा अत्यंत उपयुक्त ठरू शकते.

वापर:

- प्रकाश
- पंखे
- पंप
- लहान यंत्रणा

फायदे:

- वीज बिल कमी
- ग्रामीण भागात उपयुक्त
- दीर्घकालीन बचत

कामगार आवश्यकता

BSFL उद्योगाची एक मोठी जमेची बाजू म्हणजे इतर अनेक कृषी आणि पशुपालन उद्योगांच्या तुलनेत कमी कामगारांमध्ये हा उद्योग चालवता येतो. अळ्यांना रोज खाद्य द्यावे लागते, निरीक्षण करावे लागते आणि हार्वेस्टिंग करावी लागते, परंतु दूध काढणे, चरणे, औषधोपचार किंवा सतत देखरेख यासारखी कामे नसतात.

तरीही, फार्मचा आकार वाढत गेला की योग्य मनुष्यबळ नियोजन अत्यंत महत्त्वाचे ठरते. चुकीचे कामगार नियोजन हे उत्पादन खर्च वाढवणारे सर्वात मोठे कारण ठरू शकते.

BSFL फार्मवरील प्रमुख कामे

कामगारांची गरज समजून घेण्यासाठी प्रथम कोणती कामे करावी लागतात हे समजणे आवश्यक आहे.

दैनिक कामे:

- कच्चा माल स्वीकारणे
- कचरा वर्गीकरण
- कचरा चिरणे व मिश्रण
- अळ्यांना खाद्य देणे
- ट्रे तपासणे
- आर्द्रता तपासणे
- प्रजनन विभाग तपासणे
- अंडी संकलन
- हार्वेस्टिंग
- स्वच्छता

- नोंदी ठेवणे

मोठ्या फार्ममध्ये याशिवाय प्रक्रिया, पॅकिंग आणि विक्रीची कामेही असतात.

कौशल्यावर आधारित विभागणी

व्यावसायिक फार्ममध्ये सर्व कामगार समान प्रकारची कामे करत नाहीत.

अकुशल कामगार कामे:

- कच्चा माल उतरवणे
- ट्रे हलवणे
- स्वच्छता
- पॅकिंग

अर्धकुशल कामगार कामे:

- खाद्य तयार करणे
- अळी व्यवस्थापन
- हार्वेस्टिंग
- गुणवत्ता तपासणी

कुशल कामगार कामे:

- प्रजनन विभाग
- अंडी उत्पादन
- उपकरणे चालवणे
- डेटा व्यवस्थापन

पर्यवेक्षक जबाबदाऱ्या:

- कामाचे नियोजन
- गुणवत्ता नियंत्रण
- उत्पादन नोंदी
- कर्मचारी व्यवस्थापन

प्रजनन विभागासाठी स्वतंत्र कर्मचारी:

मोठ्या फार्ममध्ये हा विभाग अत्यंत महत्त्वाचा असतो.

कारणे:

- अंडी उत्पादन हे उद्योगाचे हृदय आहे.
- अंडी नसतील तर संपूर्ण उत्पादन थांबते.
- म्हणून अनुभवी कर्मचारी असावा.

कामगार प्रशिक्षण

BSFL उद्योगात प्रशिक्षण अत्यंत महत्त्वाचे आहे.

कामगारांना माहिती असावे:

- अळीची अवस्था ओळखणे
- योग्य आर्द्रता
- खाद्याचे प्रमाण
- समस्या ओळखणे
- जैवसुरक्षा नियम

अनेक समस्या अज्ञानामुळे निर्माण होतात.

यांत्रिकीकरणाचा परिणाम

खालील उपकरणांमुळे कामगारांची गरज कमी होते:

- श्रेडर
- मिक्सर
- कन्व्हेयर
- स्वयंचलित हार्वेस्टिंग
- पॅकिंग मशीन

मोठ्या उद्योगात यामुळे मजुरी खर्च लक्षणीय कमी होतो.

महिला कामगारांची भूमिका

BSFL उद्योगातील अनेक कामे महिलांसाठी योग्य असतात.

उदा:

- अंडी संकलन
- वर्गीकरण
- निरीक्षण
- नोंदी
- पॅकिंग

अनेक देशांमध्ये BSFL उद्योगात महिलांचा मोठा सहभाग दिसून येतो.

भविष्यातील BSFL फार्म

जगभरात BSFL उद्योग वेगाने यांत्रिकीकरणाकडे जात आहे.

भविष्यात:

- सेन्सर्स
- स्वयंचलित खाद्य पुरवठा
- रोबोटिक हार्वेस्टिंग
- डिजिटल मॉनिटरिंग

यामुळे प्रति टन उत्पादनासाठी लागणारे मनुष्यबळ आणखी कमी होईल.

उपकरणे

ब्रीडिंग केज (Breeding Cage)

ब्रीडिंग केज हे ब्लॅक सोल्जर फ्लाय (BSF) उत्पादन युनिटचे केंद्रबिंदू असते. या केजमध्ये प्रौढ माशांचे संगोपन, संयोग (Mating) आणि अंडी उत्पादन केले जाते. केजची रचना अशी असते की माशांना नैसर्गिक वातावरणासारख्या परिस्थिती मिळतील. योग्य तापमान (२७-३०°C), आर्द्रता (६०-७०%) आणि प्रकाशाची व्यवस्था केल्यास प्रजनन कार्यक्षमता लक्षणीय वाढते.

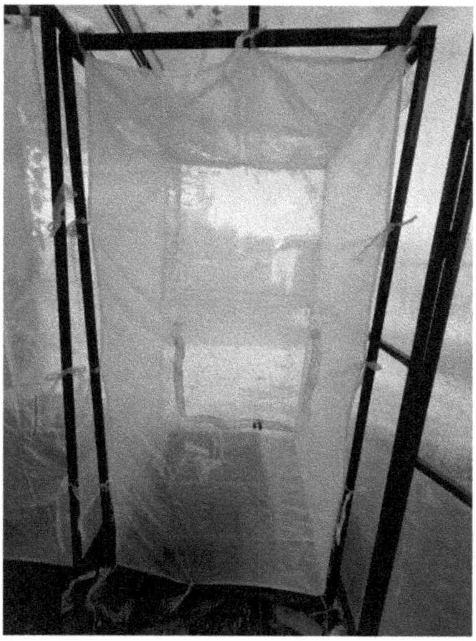

ब्रीडिंग केजमध्ये अंडी घालण्यासाठी विशेष अंडी संकलन साधने बसवली जातात. निरोगी आणि सक्रिय प्रौढ माशांमुळे उच्च गुणवत्तेची अंडी मिळतात, ज्याचा थेट परिणाम पुढील लार्वा उत्पादनावर होतो. त्यामुळे संपूर्ण BSF उत्पादन प्रक्रियेच्या यशासाठी ब्रीडिंग केजचे व्यवस्थापन अत्यंत महत्त्वाचे मानले जाते.

अंडी संकलन साधने (Egg Collection Devices)

लार्वा ट्रे (Larval Trays)

लार्वा ट्रेचा वापर नवजात अळ्यांच्या प्रारंभिक संगोपनासाठी केला जातो. अंडी उबवल्यानंतर बाहेर पडलेल्या अळ्यांना या ट्रेमध्ये ठेवले जाते, जिथे त्यांना आवश्यक पोषणयुक्त खाद्य उपलब्ध करून दिले जाते. या टप्प्यात अळ्यांची वाढ जलद गतीने होत असल्याने योग्य व्यवस्थापन अत्यंत आवश्यक असते.

ट्रेची रचना स्वच्छता आणि निरीक्षण सुलभ होईल अशा प्रकारे केली जाते. अळ्यांची घनता नियंत्रित ठेवून खाद्याचे समान वितरण केल्यास मृत्यूदर कमी होतो आणि वाढ एकसमान होते. चांगल्या दर्जाच्या लार्वा ट्रेमुळे उत्पादनातील सातत्य आणि कार्यक्षमता वाढते.

ग्रोथ ट्रे (Growth Trays)

प्रारंभिक वाढीनंतर अळ्यांना मोठ्या आकाराच्या ग्रोथ ट्रेमध्ये स्थानांतरित केले जाते. या टप्प्यात अळ्या मोठ्या प्रमाणात खाद्याचे जैविक रूपांतर करून स्वतःचे वजन वेगाने वाढवतात. ग्रोथ ट्रे उत्पादन युनिटमधील सर्वाधिक जागा व्यापणारे घटक असतात.

ग्रोथ ट्रे सहसा रॅक प्रणालीमध्ये मांडले जातात, ज्यामुळे उपलब्ध जागेचा अधिक कार्यक्षम वापर करता येतो. योग्य वायुवीजन, तापमान नियंत्रण आणि खाद्य व्यवस्थापनामुळे अळ्यांची वाढ वेगवान होते. उत्पादनाच्या प्रमाणात वाढ करण्यासाठी ग्रोथ ट्रेचे वैज्ञानिक व्यवस्थापन आवश्यक असते.

हार्वेस्टिंग यंत्रणा (Harvesting System)

अळ्या परिपक्व झाल्यानंतर त्यांचे संकलन करण्यासाठी हार्वेस्टिंग यंत्रणा वापरली जाते. काही आधुनिक प्रणालींमध्ये अळ्यांच्या नैसर्गिक स्थलांतर क्षमतेचा उपयोग करून स्वयंचलित संकलन केले जाते. यामुळे मानवी श्रमाची आवश्यकता कमी होते.

यांत्रिक हार्वेस्टिंग प्रणाली मोठ्या प्रमाणावरील उत्पादनासाठी विशेषतः उपयुक्त ठरतात. या प्रणाली अळ्या आणि उरलेले खाद्य यांचे प्रभावी विभाजन करतात. परिणामी उत्पादनाचा वेग वाढतो, वेळेची बचत होते आणि अळ्यांची गुणवत्ता अबाधित राहते.

सिव्हिंग मशीन (Sieving Machine)

सिव्हिंग मशीनचे मुख्य कार्य अळ्या, उरलेले खाद्य आणि फ्रास यांचे वर्गीकरण करणे हे आहे. हे उपकरण कंपन किंवा फिरत्या जाळीच्या तत्त्वावर कार्य करते. विविध आकारांच्या छिद्रांमुळे आवश्यक घटक वेगळे केले जातात.

या प्रक्रियेमुळे उत्पादन अधिक स्वच्छ आणि दर्जेदार बनते. अळ्या पुढील प्रक्रियेसाठी तयार होतात, तर फ्रास स्वतंत्रपणे खत उत्पादनासाठी वापरता येतो. मोठ्या उत्पादन युनिटमध्ये सिव्हिंग मशीनमुळे कार्यक्षमता आणि उत्पादन गुणवत्ता दोन्ही वाढतात.

ड्रायर (Dryer)

हार्वेस्ट केलेल्या अळ्यांमध्ये साधारणपणे मोठ्या प्रमाणात आर्द्रता असते. ही आर्द्रता कमी करण्यासाठी ड्रायरचा वापर केला जातो. वाळवणीमुळे अळ्यांचे शेल्फ लाईफ वाढते आणि त्यांची साठवण व वाहतूक सुलभ होते.

औद्योगिक हॉट एअर ड्रायर, ट्रे ड्रायर आणि सौर ड्रायर यांसारख्या विविध प्रकारच्या प्रणाली वापरल्या जातात. योग्य तापमानावर वाळवणी केल्यास प्रथिने, चरबी आणि इतर पोषक घटक टिकून राहतात. त्यामुळे अंतिम उत्पादनाची गुणवत्ता उच्च राहते.

ग्राइंडर (Grinder)

वाळवलेल्या अळ्यांचे सूक्ष्म प्रथिनयुक्त पावडरमध्ये रूपांतर करण्यासाठी ग्राइंडरचा वापर केला जातो. या प्रक्रियेमुळे तयार होणारे "इन्सेक्ट मील" पशुखाद्य, मत्स्यखाद्य आणि कुक्कुटपालन क्षेत्रात मोठ्या प्रमाणावर वापरले जाते.

ग्राइंडिंगमुळे उत्पादनाचे मिश्रण करणे, पॅकिंग करणे आणि वाहतूक करणे अधिक सोपे होते. विविध क्षमतेचे हॅमर मिल आणि पल्वरायझर प्रकारचे ग्राइंडर उद्योगात वापरले जातात. उच्च दर्जाचे ग्राइंडिंग उत्पादनाच्या बाजारमूल्यात वाढ करते.

तेल काढण्याची मशीन (Oil Extraction Machine)

BSF अळ्यांमध्ये मोठ्या प्रमाणात उपयुक्त चरबी असते. ही चरबी वेगळी करण्यासाठी ऑइल एक्स्ट्रॅक्शन मशीनचा वापर केला जातो. स्क्रू प्रेस किंवा एक्स्पेलर तंत्रज्ञानाच्या साहाय्याने अळ्यांमधून तेल काढले जाते.

मिळणारे तेल पशुखाद्य, सौंदर्यप्रसाधने, जैवइंधन आणि औद्योगिक उत्पादनांमध्ये वापरले जाते. तेल काढल्यानंतर उरलेला पदार्थ अधिक प्रथिनयुक्त असल्यामुळे उच्च दर्जाचे खाद्य उत्पादन तयार करण्यासाठी वापरला जातो. त्यामुळे उत्पादन युनिटच्या एकूण आर्थिक मूल्यामध्ये वाढ होते.

फ्रास प्रक्रिया उपकरणे (Frass Processing Equipment)

फ्रास म्हणजे BSF अळ्यांचे मलमूत्र आणि उरलेल्या खाद्याचे मिश्रण होय. हे एक मूल्यवान सेंद्रिय खत असून त्यामध्ये वनस्पतींसाठी आवश्यक पोषक घटक आढळतात. फ्रास प्रक्रिया उपकरणांद्वारे त्याचे वाळवणे, गाळणे आणि दर्जानुसार वर्गीकरण केले जाते.

प्रक्रिया केलेला फ्रास पॅक करून थेट कृषी क्षेत्रात वापरता येतो. यामुळे कचऱ्याचे मूल्यवर्धित उत्पादनात रूपांतर होते. शाश्वत शेती आणि सेंद्रिय उत्पादनांच्या वाढत्या मागणीमुळे फ्रासला स्वतंत्र बाजारपेठ उपलब्ध होत आहे.

ऑटोमेशन प्रणाली (Automation System)

मोठ्या प्रमाणावरील BSF उत्पादन युनिटमध्ये ऑटोमेशन प्रणाली अत्यंत महत्त्वाची भूमिका बजावते. तापमान, आर्द्रता, प्रकाश व्यवस्था, खाद्य पुरवठा आणि उत्पादन निरीक्षण यांसारख्या विविध प्रक्रियांचे स्वयंचलित नियंत्रण या प्रणालीद्वारे केले जाते.

सेन्सर, कंट्रोलर, डेटा लॉगर आणि व्यवस्थापन सॉफ्टवेअरच्या मदतीने उत्पादन प्रक्रियेचे रिअल-टाइम निरीक्षण करता येते. यामुळे मानवी त्रुटी कमी होतात, उत्पादन खर्च नियंत्रित राहतो आणि उत्पादनक्षमता वाढते. भविष्यातील स्मार्ट BSF फार्म्ससाठी ऑटोमेशन ही अत्यावश्यक तांत्रिक गुंतवणूक मानली जाते.

लार्वा उत्पादन

लार्वा उत्पादन हा BSFL फार्मिंगचा कणा आहे. अंडी उत्पादन, प्रजनन आणि फार्म उभारणी या सर्व गोष्टींचा अंतिम उद्देश जास्तीत जास्त दर्जेदार अळ्या तयार करणे हा असतो. BSFL उद्योगामध्ये नफा हा मुख्यतः अळ्यांच्या उत्पादनावर अवलंबून असतो. अंडी किती मिळाली यापेक्षा त्यांपैकी किती अळ्या जिवंत राहिल्या, किती वेगाने वाढल्या, किती अन्नाचे रूपांतर शरीरवजनात केले आणि शेवटी किती उत्पादन मिळाले याला जास्त महत्त्व असते.

या अध्यायात आपण अंड्यापासून हार्वेस्टिंगपर्यंतच्या संपूर्ण प्रक्रियेचा सखोल अभ्यास करू.

फीडिंगचे मूलतत्त्व

BSFL अळ्या हे निसर्गातील सर्वात कार्यक्षम जैविक रिसायकलर मानले जातात. त्यांची वाढ पूर्णपणे अन्नाच्या गुणवत्तेवर आणि उपलब्धतेवर अवलंबून असते.

योग्य अन्न मिळाल्यास अळ्या अवघ्या काही दिवसांत हजारो पट वजन वाढवू शकतात.

अळ्यांना अन्न देताना एक महत्त्वाचा नियम लक्षात ठेवावा. अळ्या "अन्न शोधत नाहीत", अन्न त्यांच्यापर्यंत पोहोचले पाहिजे. म्हणूनच अन्न शक्य तितके बारीक केलेले असावे.

मोठे भाजीपाल्याचे तुकडे, संपूर्ण फळे किंवा न चिरलेला सेंद्रिय कचरा वापरल्यास अळ्यांना त्याचा उपयोग होण्यासाठी जास्त वेळ लागतो. दुसरीकडे पेस्ट स्वरूपातील अन्न अळ्या लगेच खाऊ शकतात.

फीडिंग करताना तीन गोष्टी महत्त्वाच्या असतात.

- पहिली म्हणजे अन्नाची उपलब्धता.
- दुसरी म्हणजे अन्नाचा ओलावा.
- तिसरी म्हणजे अन्नाचा थर.

अळ्यांना कधीही उपाशी ठेवू नये. जर बेडमध्ये अन्न पूर्णपणे संपले तर अळ्यांची वाढ लगेच मंदावते. त्यामुळे दररोज निरीक्षण करून आवश्यकतेनुसार नवीन अन्न पुरवले पाहिजे.

फीडिंगमध्ये सातत्य हे अन्नाच्या प्रकारापेक्षा जास्त महत्त्वाचे असते.

अळ्यांची घनता

BSFL उत्पादनामध्ये अळ्यांची घनता हा उत्पादनावर परिणाम करणारा सर्वात महत्त्वाचा घटक आहे. खूप कमी अळ्या असतील तर उपलब्ध जागा आणि

अन्नाचा पूर्ण वापर होत नाही. खूप जास्त अळ्या असतील तर ऑक्सिजनची कमतरता, तापमान वाढ आणि मृत्यूदर वाढतो.

सर्वसाधारण नियम असा आहे की:

१ स्क्वेअर फूट क्षेत्र = १ ग्रॅम अंडी

योग्य व्यवस्थापन असल्यास:

१ स्क्वेअर फूट क्षेत्र = २ किलो किंवा अधिक अळ्या

उत्पादन देऊ शकते.

उदाहरणार्थ, आमच्या २२ स्क्वेअर फूट ग्रो बेडमध्ये २२ ते २५ ग्रॅम अंडी वापरल्यास ४४ ते ५० किलो अळ्यांचे उत्पादन मिळू शकते.

घनता वाढवण्याचा मोह अनेकांना होतो. मात्र क्षमता वाढवायची असेल तर बेडची संख्या वाढवावी, एका बेडमध्ये अति घनता करू नये.

तयारी

BSFL उत्पादनाची सुरुवात अंड्यांपासून होते. अंडी स्वतःच्या ब्रीडिंग युनिटमधून गोळा केलेली असू शकतात किंवा बाहेरील ब्रिडरकडून विकत घेतलेली असू शकतात. अंडी मिळाल्यानंतर त्यांना योग्य माध्यमात हॅच करून लहान अळ्या तयार करणे हा अत्यंत महत्त्वाचा टप्पा असतो. या टप्प्यातील व्यवस्थापन योग्य झाले तर पुढील संपूर्ण उत्पादन प्रक्रिया अधिक यशस्वी होते.

अंडी हॅच करण्यासाठी साधारण दीड फूट रुंद आणि दोन फूट लांब अशा आकाराचा ट्रे वापरला जातो. या ट्रेमध्ये नवजात अळ्यांसाठी योग्य वातावरण

तयार करणे आवश्यक असते. त्यासाठी गव्हाचे भूस, वाळलेले शेणखत आणि ताक यांचे मिश्रण उत्कृष्ट माध्यम मानले जाते.

साधारण दोन किलो गव्हाचे भूस आणि दोन किलो बारीक चाळलेले, पूर्णपणे सुकलेले शेणखत एकत्र मिसळावे. त्यानंतर त्यामध्ये ताक घालून मिश्रण तयार करावे. ताकामुळे सूक्ष्मजीवांची वाढ होते आणि अंड्यांतून बाहेर पडणाऱ्या अळ्यांना सुरुवातीचे अन्न उपलब्ध होते.

मिश्रणातील ओलावा योग्य असणे अत्यंत महत्त्वाचे आहे. ओलावा तपासण्यासाठी हातात मिश्रण घेऊन घट्ट दाबावे. जर त्यातून पाणी किंवा ताक गळत असेल तर मिश्रण जास्त ओले आहे. दुसरीकडे, दाबल्यावर मिश्रण पूर्णपणे कोरडे वाटत असेल तर त्यात ओलावा कमी आहे. योग्य स्थितीत मिश्रण घट्ट गोळा बनेल, पण त्यातून पाणी गळणार नाही.

हे मिश्रण ट्रेमध्ये साधारण एक ते दीड इंच जाडीने समप्रमाणात पसरावे. त्यानंतर मिश्रणाच्या पृष्ठभागावर एक बारीक मैद्याची चाळणी उलटी ठेवावी. अंडी थेट मिश्रणावर न ठेवता या चाळणीवर समान प्रमाणात पसरवावीत. या पद्धतीमुळे अंड्यांना पुरेशी हवा मिळते आणि अंडी जास्त ओलाव्याच्या संपर्कात येत नाहीत. अंडी फुटल्यानंतर नवजात अळ्या चाळणीतील छिद्रांमधून खाली उतरून खाद्यमाध्यमात प्रवेश करतात.

ही संपूर्ण व्यवस्था सावलीत आणि सुरक्षित ठिकाणी ठेवावी. तापमान साधारण 27 ते 32 अंश सेल्सिअस दरम्यान असल्यास अंडी वेगाने हॅच होतात. साधारण

तीन दिवसांनंतर अंड्यांतून अत्यंत सूक्ष्म अळ्या बाहेर पडू लागतात. या अळ्या तांदळाच्या दाण्यापेक्षाही अनेक पटींनी लहान असतात आणि सुरुवातीला अगदी पांढरट रंगाच्या दिसतात.

अंडी फुटल्यानंतर पुढील पाच दिवस ट्रेमधील माध्यम ओलसर ठेवणे आवश्यक असते. या काळात मोठ्या प्रमाणात पाणी टाकू नये. त्याऐवजी हँड स्प्रे पंप किंवा फवारणीच्या बाटलीद्वारे दररोज पृष्ठभागावर हलकी पाण्याची फवारणी करावी. माध्यम कोरडे पडू नये, पण चिखलही होऊ नये याची काळजी घ्यावी.

साधारण ५ दिवसांनंतर अळ्यांचा आकार तांदळाच्या दाण्याएवढा होतो. या अवस्थेत त्यांची खाद्य खाण्याची क्षमता झपाट्याने वाढते. त्यामुळे आता त्यांना मोठ्या ग्रो-आउट टबमध्ये स्थलांतरित करणे आवश्यक असते.

मोठ्या टबमध्ये प्रथम दोन इंच जाडीचा बारीक चिरलेला किंवा बारीक केलेला खाद्यपदार्थ भरावा. फळांचा कचरा, भाजीपाला कचरा किंवा इतर योग्य फीडस्टॉक यासाठी वापरता येतो. त्यानंतर हॅचिंग ट्रे या खाद्याच्या वर उलटा ठेवावा. अळ्या नैसर्गिकरित्या खालील ताज्या खाद्याकडे स्थलांतर करतात आणि काही तासांत किंवा एका दिवसात बहुतेक अळ्या नवीन टबमध्ये प्रवेश करतात.

दुसऱ्या दिवशी टब तपासून अन्न किती प्रमाणात खाल्ले गेले आहे आणि अळ्यांची वाढ किती झाली आहे याचे निरीक्षण करावे. या टप्प्यानंतर फीड वरून देण्यास सुरुवात होते. BSFL अळ्यांची एक

विशेष सवय म्हणजे त्या नेहमी ताज्या अन्नाच्या दिशेने वर चढतात. त्यामुळे वरून नवीन फीड टाकल्यावर अळ्या त्या थरात प्रवेश करून वरून खाली खात पुढे सरकतात.

योग्य ओलावा, तापमान आणि पुरेशा अन्नाच्या उपलब्धतेमुळे पुढील काही दिवसांत अळ्यांची वाढ अत्यंत वेगाने होते आणि त्या व्यावसायिक उत्पादनासाठी तयार होऊ लागतात.

वाढीचे टप्पे

BSFL अळ्यांची वाढ काही स्पष्ट टप्प्यांमध्ये विभागता येते.

१. अंडे

अंडी साधारण ३ ते ४ दिवसांत उबतात.

या काळात योग्य ओलावा आणि तापमान महत्त्वाचे असते.

२. नवजात अळी (Neonate)

अंड्यातून बाहेर पडलेली अळी अत्यंत लहान असते.

या टप्प्यात तिला सूक्ष्म आणि सहज उपलब्ध अन्न आवश्यक असते.

३. प्रारंभिक वाढ

पहिल्या आठवड्यात अळ्या झपाट्याने वाढू लागतात.

अन्न ग्रहण क्षमता दिवसागणिक वाढते.

४. जलद वाढीचा टप्पा

दुसऱ्या आठवड्यात अळ्यांची वाढ सर्वाधिक वेगाने होते.

या काळात एकूण अन्नापैकी ७० ते ८० टक्के अन्न खाल्ले जाते.

५. हार्वेस्टिंग टप्पा

साधारण १४ ते १९ दिवसांच्या दरम्यान अळ्या व्यावसायिक आकार प्राप्त करतात.

याच काळात प्रथिने आणि चरबीचे प्रमाण सर्वाधिक असते.

तापमान नियंत्रण

तापमान हा BSFL उत्पादनाचा अदृश्य व्यवस्थापक आहे. योग्य तापमानात अळ्या वेगाने वाढतात. अयोग्य तापमानात वाढ मंदावते किंवा मृत्यू होतो.

सर्वसाधारणपणे:

- २५°C खाली वाढ मंद होते.
- २७°C ते ३२°C आदर्श श्रेणी आहे.
- ३५°C पेक्षा जास्त तापमान धोकादायक ठरू शकते.

हे लक्षात घ्या की बेडचे तापमान आणि वातावरणाचे तापमान वेगळे असते. अळ्यांच्या हालचालीमुळे आणि सूक्ष्मजीवांच्या कार्यामुळे बेडचे तापमान बाहेरील तापमानापेक्षा ५ ते १० अंश जास्त असू शकते. म्हणूनच अन्नाचा थर ४ इंचांपेक्षा जास्त ठेवू नये.

ओलावा व्यवस्थापन

अळ्या पाण्यात जगू शकत नाहीत, पण कोरड्या वातावरणातही वाढू शकत नाहीत. म्हणून ओलावा हा संतुलनाचा विषय आहे.

योग्य ओलावा असल्यास:

- अन्न मऊ राहते
- सूक्ष्मजीव सक्रिय राहतात
- अळ्या सहज खाद्य ग्रहण करतात

अतिरिक्त ओलावा असल्यास:

- ऑक्सिजन कमी होतो
- दुर्गंधी वाढते
- बुरशी वाढते

कमी ओलावा असल्यास:

- अन्न सुकते
- वाढ मंदावते
- मृत्यूदर वाढतो

हाताने दाबल्यावर काही थेंब पाणी बाहेर येणे हा योग्य ओलाव्याचा सोपा संकेत आहे.

दैनिक व्यवस्थापन

BSFL फार्ममध्ये यश मिळवण्यासाठी दररोज निरीक्षण आवश्यक असते.

दररोज खालील गोष्टी तपासाव्यात.

- अन्न शिल्लक आहे का?
- अळ्या सक्रिय आहेत का?
- दुर्गंधी येत आहे का?
- तापमान वाढले आहे का?
- ओलावा योग्य आहे का?
- मुंग्या किंवा इतर कीटक आले आहेत का?

BSFL फार्ममध्ये मोठ्या समस्या अचानक निर्माण होत नाहीत. त्या लहान संकेतांपासून सुरू होतात. दररोज निरीक्षण करणारा शेतकरी बहुतेक समस्या सुरुवातीलाच थांबवू शकतो.

वाढ मोजणे

व्यावसायिक फार्ममध्ये फक्त अळ्या वाढत आहेत हे पाहणे पुरेसे नसते. वाढ मोजली गेली पाहिजे.

यासाठी दर काही दिवसांनी नमुना घेऊन:

- अळ्यांचे वजन
- लांबी
- रंग
- सक्रियता

यांची नोंद ठेवावी.

वाढ मोजल्यामुळे:

- फीडिंग योग्य आहे का?
- तापमान योग्य आहे का?
- उत्पादन लक्ष्य पूर्ण होईल का?

याचा अंदाज लवकर येतो.

FCR समजून घेणे

FCR म्हणजे Feed Conversion Ratio. सोप्या भाषेत सांगायचे तर अळ्यांनी खाल्लेल्या अन्नापैकी किती भाग शरीरवजनामध्ये बदलला हे FCR दर्शवते.

उदाहरणार्थ,

१०० किलो अन्न वापरले आणि २० किलो अळ्या मिळाल्या तर FCR वेगळा असेल.

१०० किलो अन्न वापरून ३० किलो अळ्या मिळाल्या तर FCR अधिक चांगला असेल.

चांगला FCR म्हणजे:

- कमी अन्न खर्च
- जास्त उत्पादन
- जास्त नफा

BSFL उद्योगातील स्पर्धात्मकता मोठ्या प्रमाणावर FCR वर अवलंबून असते.

उत्पादन कार्यक्षमता

अनेक शेतकरी उत्पादन फक्त किलोमध्ये मोजतात. प्रत्यक्षात उत्पादन कार्यक्षमता अनेक घटकांनी ठरते.

- प्रति ग्रॅम अंडे किती अळ्या मिळाल्या?
- प्रति स्क्वेअर फूट किती उत्पादन मिळाले?
- प्रति किलो अन्न किती अळ्या मिळाल्या?
- मृत्यूदर किती होता?
- हार्वेस्टिंग वेळेत झाले का?

यशस्वी BSFL फार्म म्हणजे फक्त जास्त उत्पादन देणारा फार्म नव्हे, तर कमीत कमी खर्चात जास्त उत्पादन देणारा फार्म.

जर २५ ग्रॅम अंड्यांपासून ५० किलो अळ्या मिळत असतील, हार्वेस्टिंग सोपे होत असेल, फ्रास दर्जेदार मिळत असेल आणि मृत्यूदर कमी असेल, तर ती प्रणाली कार्यक्षम मानली जाते.

BSFL उत्पादनामध्ये शेवटी यश हे एका गोष्टीवर अवलंबून असते. अळ्यांना योग्य वातावरण, योग्य अन्न आणि योग्य व्यवस्थापन मिळाले तर त्या स्वतःच उर्वरित काम करतात. शेतकऱ्याचे काम म्हणजे त्यांच्या वाढीमध्ये अडथळा येणार नाही याची काळजी घेणे. अशा प्रकारे लार्वा उत्पादनाची संपूर्ण साखळी समजून घेतल्यास व्यावसायिक स्तरावर सातत्यपूर्ण आणि फायदेशीर उत्पादन घेणे शक्य होते.

सातत्यपूर्ण उत्पादन नियोजन

BSFL व्यवसायात नवीन असताना अनेकांना अंड्यांच्या किंमतीचा पहिल्यांदा धक्का बसतो. सुरुवातीला ट्रायलसाठी साधारण 10 ग्रॅम अंडी खरेदी करावीत. आजच्या बाजारभावानुसार 10 ग्रॅम अंड्यांसाठी सुमारे ₹1,000 खर्च येऊ शकतो, त्यावर वाहतूक खर्च वेगळा असतो.

पहिल्यांदा हे ऐकल्यावर अनेकांना वाटते की अंड्यांचा दर जर किलोमागे मोजला तर तो लाख रुपयांच्या आसपास जातो. मग हा व्यवसाय परवडणार कसा? परंतु येथे एक गोष्ट समजून घेणे महत्त्वाचे आहे. BSFL व्यवसायाचा उद्देश आयुष्यभर महाग अंडी विकत घेणे नसून, सुरुवातीला प्रणाली समजून घेणे आणि नंतर स्वतःची अंडी उत्पादन व्यवस्था उभी करणे हा असतो.

म्हणूनच सुरुवातीच्या टप्प्यात मोठी गुंतवणूक करण्याऐवजी कमी प्रमाणात अंडी घेऊन संपूर्ण प्रक्रिया समजून घेणे अधिक योग्य ठरते. हॅचिंग, अळ्यांची वाढ, खाद्य व्यवस्थापन, हार्वेस्टिंग आणि उत्पादन नियोजन यांचा अनुभव घेतल्यानंतरच मोठ्या प्रमाणावर विस्तार करावा.

व्यावसायिक उत्पादनामध्ये अंडी आणि हार्वेस्टिंग यांचे नियोजन अत्यंत महत्त्वाचे असते. उदाहरण म्हणून आमच्या फार्मची प्रणाली पाहू. आम्ही 22 चौरस फूट आकाराच्या प्रत्येक ग्रो-आउट टबमध्ये सुमारे 25 ग्रॅम अंडी वापरतो. एका आठवड्याच्या उत्पादनासाठी आम्ही 25 ग्रॅमचे सात पॅक एकाच वेळी ऑर्डर करतो.

मोठ्या प्रमाणावर अंडी खरेदी केल्यामुळे पुरवठादाराकडून बल्क रेट मिळतो. त्यामुळे प्रति ग्रॅम अंड्यांची किंमत कमी होते. याशिवाय वाहतूक खर्चही अनेक वेळा देण्याची गरज राहत नाही.

सातही पॅक एकाच दिवशी हॅचिंगसाठी लावले जातात. त्यामुळे सर्व अळ्या जवळपास एकाच वेळी बाहेर पडतात आणि एकाच वेळी त्यांच्या स्वतंत्र टबमध्ये स्थलांतरित केल्या जातात. परिणामी एका दिवसात सातही टब भरले जातात.

येथे महत्त्वाचा भाग म्हणजे हार्वेस्टिंगचे नियोजन. जरी सर्व टब एकाच दिवशी सुरू झाले तरी हार्वेस्टिंग एकाच दिवशी केली जात नाही. त्याऐवजी दररोज एक टब हार्वेस्ट करण्याची प्रणाली वापरली जाते.

उदाहरणार्थ, टब क्रमांक 1 हार्वेस्ट करायचा असल्यास त्याच्या दोन दिवस आधी त्या टबमध्ये नवीन खाद्य टाकणे बंद केले जाते. या काळात अळ्या उपलब्ध खाद्य पूर्णपणे वापरून टाकतात आणि त्यांचे आतडे तुलनेने स्वच्छ होतात. त्यामुळे उत्पादनाची गुणवत्ता सुधारते आणि कचऱ्याचे प्रमाण कमी होते.

दोन दिवसांनंतर टब क्रमांक 1 हार्वेस्ट केला जातो. त्याच वेळी टब क्रमांक 2 साठी खाद्य बंद केलेले असते. पुढील दिवशी टब क्रमांक 2 हार्वेस्ट होतो. त्यानंतर टब क्रमांक 3, मग टब क्रमांक 4 अशा क्रमाने प्रक्रिया सुरू राहते.

साधारण चौदाव्या दिवसापासून पहिला टब हार्वेस्टिंगसाठी तयार होतो. त्यानंतर पुढील सात दिवस सातही टब क्रमाने हार्वेस्ट केले जातात. यामुळे दररोज ठराविक प्रमाणात अळ्यांचे उत्पादन उपलब्ध राहते आणि ग्राहकांना सातत्याने पुरवठा करणे शक्य होते.

या पद्धतीचा सर्वात मोठा फायदा म्हणजे उत्पादनात सातत्य राहते. एका दिवशी खूप मोठ्या प्रमाणात उत्पादन मिळून पुढचे अनेक दिवस काहीच उत्पादन नसण्याची समस्या निर्माण होत नाही. मजूर व्यवस्थापन, पॅकिंग, विक्री आणि वाहतूक यांचे नियोजनही सोपे होते.

सात टबांची हार्वेस्टिंग पूर्ण होईपर्यंत पुढील बॅचची अंडी फार्मवर पोहोचलेली असतात. त्यामुळे नवीन हॅचिंग प्रक्रिया लगेच सुरू करता येते. जुनी बॅच संपण्यापूर्वी नवीन बॅच सुरू झाल्यामुळे उत्पादनाची साखळी अखंड चालू राहते.

यालाच "Continuous Production System" किंवा सातत्यपूर्ण उत्पादन प्रणाली म्हणतात. व्यावसायिक BSFL फार्ममध्ये नफा वाढवण्यासाठी केवळ अळ्या वाढवणे पुरेसे नसते. अंडी खरेदी, हॅचिंग, फीडिंग, हार्वेस्टिंग आणि विक्री यांचे वेळापत्रक एकमेकांशी अचूक जुळवणे तितकेच महत्त्वाचे असते. योग्य नियोजन केल्यास अंड्यांचा खर्च कमी होतो, वाहतूक खर्चावर नियंत्रण मिळते आणि वर्षभर नियमित उत्पादन घेणे शक्य होते

फीडस्टॉक म्हणजे काय?

BSFL (Black Soldier Fly Larvae) उत्पादनामध्ये अळ्यांना दिल्या जाणाऱ्या सर्व प्रकारच्या सेंद्रिय खाद्यपदार्थांना "फीडस्टॉक" असे म्हणतात. अळ्या ज्या माध्यमातून वाढतात, वजन वाढवतात आणि प्रथिने व चरबी साठवतात ते माध्यम म्हणजे फीडस्टॉक होय. BSFL उद्योगाचे यश मुख्यतः योग्य फीडस्टॉक निवडीवर अवलंबून असते.

फीडस्टॉक हा फक्त अळ्यांचा आहार नसून तो अंतिम उत्पादनाच्या गुणवत्तेवर देखील परिणाम करतो. कोणत्या फीडस्टॉकमध्ये किती प्रथिने, कार्बोहायड्रेट, चरबी, खनिजे आणि ओलावा आहे यावर अळ्यांची वाढ, FCR (Feed Conversion Ratio), हार्वेस्ट वजन आणि पोषणमूल्य ठरते.

एक आदर्श फीडस्टॉकमध्ये खालील गुणधर्म असावेत:

- सहज उपलब्ध असावा
- कमी खर्चाचा असावा
- पोषणमूल्य चांगले असावे
- रोगकारक सूक्ष्मजीव कमी असावेत
- हाताळण्यास सोपा असावा
  सतत उपलब्ध असावा

BSFL अळ्या जवळपास सर्व प्रकारचा जैविक कचरा खाऊ शकतात. मात्र सर्व फीडस्टॉक सारखे परिणाम देत नाहीत. काही फीडस्टॉकवर अळ्या अत्यंत जलद वाढतात तर काहींवर वाढ मंदावते.

फळांचा कचरा

फळांच्या प्रक्रिया उद्योगातून, बाजारपेठेतून किंवा घरगुती वापरातून निर्माण होणारा कचरा BSFL साठी चांगला फीडस्टॉक ठरतो.

पोषणमूल्य

- प्रथिने: 2 ते 8%
- कार्बोहायड्रेट: 15 ते 35%
- ओलावा: 75 ते 95%

फायदे

- सहज पचते
- अळ्यांची सुरुवातीची वाढ वेगवान होते
- उष्णता कमी निर्माण होते
- दुर्गंधी कमी

मर्यादा

- प्रथिनांचे प्रमाण खूप कमी असते
  फक्त फळांवर अळ्या वाढवल्यास अंतिम वजन कमी मिळते
  जास्त ओलाव्यामुळे आंबण्याची शक्यता

दर्जा

★★★★☆

फळांचा कचरा पूरक फीड म्हणून चांगला आहे परंतु एकमेव फीड म्हणून योग्य नाही.

भाजीपाला कचरा

भाजी मंडई, सुपरमार्केट आणि प्रक्रिया उद्योगातून मोठ्या प्रमाणात भाजीपाला कचरा उपलब्ध होतो.

पोषणमूल्य

- प्रथिने: 5 ते 15%
- कार्बोहायड्रेट: 10 ते 25%
- ओलावा: 80 ते 95%

फायदे

- सतत उपलब्धता
- कमी खर्च
- अळ्यांना आवडणारे खाद्य

मर्यादा

- पोषणमूल्य अस्थिर असते
- पाण्याचे प्रमाण खूप जास्त

दर्जा

★★★★☆

फळांच्या कचऱ्यापेक्षा चांगला पर्याय.

हॉटेल वेस्ट

हॉटेल, कॅन्टीन, मेस आणि रेस्टॉरंटमधून निर्माण होणारा मिश्रित अन्नकचरा.

पोषणमूल्य

- प्रथिने: 12 ते 25%
- कार्बोहायड्रेट: 30 ते 60%
- चरबी: 5 ते 20%

फायदे

- अळ्यांची अत्यंत वेगवान वाढ
  उत्कृष्ट FCR
- जास्त हार्वेस्ट वजन

मर्यादा

- प्लास्टिक, चमचे, काच वेगळे करावे लागतात
- दुर्गंधी निर्माण होऊ शकते
- रोगकारक सूक्ष्मजीवांची शक्यता

दर्जा

★★★★★

व्यावसायिक BSFL उत्पादनासाठी सर्वोत्तम फीडस्टॉकपैकी एक.

डेअरी वेस्ट

दूध प्रक्रिया उद्योगातील उरलेले पदार्थ.

उदाहरणे: व्हे (Whey), खराब दूध, ताक, दही अवशेष, पनीर अवशेष

पोषणमूल्य

- प्रथिने: 15 ते 35%
- कार्बोहायड्रेट: 10 ते 25%

फायदे

- उच्च दर्जाची प्रथिने
- अळ्यांचे शरीर वजन वाढते
- प्रथिनयुक्त लार्वा मिळतात

मर्यादा

- जास्त ओलावा
- लवकर खराब होते

दर्जा

★★★★★

प्रथिने वाढवण्यासाठी उत्कृष्ट पूरक फीड.

ब्रुअरी वेस्ट

बिअर उत्पादनानंतर उरलेले धान्य अवशेष.

पोषणमूल्य

- प्रथिने: 20 ते 30%
- कार्बोहायड्रेट: 40 ते 55%
- फायबर: 15 ते 20%

फायदे

- संतुलित पोषण
- उत्कृष्ट वाढ
- कमी खर्च

मर्यादा

- सर्व भागात उपलब्ध नसते
- साठवणूक मर्यादित

दर्जा

★★★★★

व्यावसायिक BSFL उद्योगातील सर्वोत्तम फीडस्टॉकपैकी एक.

ऊस उद्योगातील कचरा

उदाहरणे: प्रेसमड, फिल्टर केक, मळी (Molasses), बगॅस

पोषणमूल्य

- प्रथिने: 2 ते 8%
- कार्बोहायड्रेट: 30 ते 60%

फायदे

- मोठ्या प्रमाणात उपलब्ध
- अत्यंत स्वस्त

मर्यादा

- फायबर जास्त
- प्रथिने कमी

दर्जा

★★★☆☆

इतर प्रथिनयुक्त फीडसोबत मिसळून वापरणे योग्य.

शेतीतील अवशेष:

- भाजीपाला अवशेष
- फळबाग अवशेष

- खराब धान्य
- तण

पोषणमूल्य

- प्रथिने: 4 ते 15%
- कार्बोहायड्रेट: 20 ते 50%

फायदे

- मोफत उपलब्ध
- शेतकऱ्यांसाठी आदर्श

मर्यादा

- फायबर जास्त
- प्रक्रिया आवश्यक

दर्जा

★★★☆☆

लहान आणि मध्यम शेतकऱ्यांसाठी उत्तम.

कुक्कुटपालनातील कचरा

उदाहरणे: चिकन लिटर, सांडलेले खाद्य, मृत पिल्ले (कायद्यानुसार व जैवसुरक्षेच्या नियमांनुसार)

पोषणमूल्य

- प्रथिने: 20 ते 35%
- कार्बोहायड्रेट: कमी

फायदे

- अत्यंत उच्च नायट्रोजन
- प्रथिनयुक्त वाढ

मर्यादा

- रोगकारक धोका
- अमोनिया निर्माण

दर्जा

★★★★☆

योग्य व्यवस्थापनासह चांगला पर्याय.

गोठ्यातील कचरा

उदाहरणे: शेण, खराब चारा, उरलेले खाद्य, सायलेज अवशेष

पोषणमूल्य

- प्रथिने: 5 ते 12%
- कार्बोहायड्रेट: 20 ते 40%

फायदे

- सहज उपलब्ध
- शून्य खर्च

मर्यादा

- वाढ मंद होते
- उत्पादन कमी मिळते

दर्जा

★★☆☆☆

फक्त शेणावर BSFL उत्पादन आर्थिकदृष्ट्या फायदेशीर नसते.

विविध फीडस्टॉकची तुलना

फीडस्टॉक	प्रथिने	कार्बोहायड्रेट	वाढ
ब्रुअरी वेस्ट	खूप जास्त	जास्त	उत्कृष्ट
डेअरी वेस्ट	खूप जास्त	मध्यम	उत्कृष्ट
हॉटेल वेस्ट	जास्त	खूप जास्त	उत्कृष्ट

कुक्कुट वेस्ट	जास्त	कमी	चांगली
भाजीपाला	मध्यम	मध्यम	चांगली
फळे	कमी	जास्त	मध्यम
शेती अवशेष	कमी	मध्यम	मध्यम
गोठा कचरा	कमी	मध्यम	कमी

सर्वोत्तम फीडस्टॉक

1. ब्रुअरी वेस्ट
2. डेअरी वेस्ट
3. हॉटेल वेस्ट
4. कुक्कुट वेस्ट

सर्वात कमकुवत फीडस्टॉक

1. फक्त गोठ्यातील शेण
2. फक्त बगॅस
3. फक्त फळांचा कचरा

C:N Ratio

Carbon:Nitrogen Ratio म्हणजे कार्बन आणि नायट्रोजन यांचे प्रमाण.

BSFL साठी आदर्श C:N Ratio:

20:1 ते 30:1

कार्बन जास्त असल्यास वाढ मंदावते.

नायट्रोजन जास्त असल्यास अमोनिया तयार होतो आणि मृत्यूदर वाढू शकतो.

योग्य C:N Ratio अळ्यांची वाढ, FCR आणि उत्पादन वाढवते.

फीडस्टॉक प्री-प्रोसेसिंग

फीड देण्यापूर्वी प्रक्रिया करणे महत्त्वाचे असते.

मुख्य प्रक्रिया:

- प्लास्टिक वेगळे करणे
- धातू वेगळे करणे
- श्रेडिंग
- ग्राइंडिंग
- ओलावा समायोजन
- किण्वन (Fermentation)

यामुळे अळ्यांना फीड पटकन पचतो आणि वाढ सुधारते.

फीड फॉर्म्युलेशन

व्यावसायिक उत्पादनासाठी मिश्रित फीड सर्वोत्तम ठरतो.

उदाहरण 1:

- 40% हॉटेल वेस्ट
- 30% भाजीपाला कचरा
- 20% ब्रुअरी वेस्ट
- 10% डेअरी वेस्ट

उदाहरण 2:

- 40% गव्हाचा कोंडा
- 30% भाजीपाला कचरा
- 20% डेअरी वेस्ट
- 10% मळी

उदाहरण 3:

- 50% भाजीपाला कचरा
- 20% फळांचा कचरा
- 20% गव्हाचा कोंडा
- 10% कुक्कुट लिटर

एकाच फीडस्टॉकवर अवलंबून राहण्यापेक्षा संतुलित फॉर्म्युलेशन वापरल्यास अळ्यांची वाढ, FCR, प्रथिनांचे प्रमाण आणि उत्पादनक्षमता लक्षणीय वाढते. BSFL उद्योगात "योग्य फीडस्टॉक व्यवस्थापन" हेच नफ्याचे सर्वात मोठे रहस्य मानले जाते.

रोग व समस्या व्यवस्थापन

BSFL (Black Soldier Fly Larvae) पालन हे तुलनेने कमी रोगप्रवण तंत्रज्ञान असले तरी चुकीचे व्यवस्थापन, अयोग्य फीडस्टॉक, तापमानातील बदल, जास्त ओलावा किंवा अपुरी स्वच्छता यांमुळे अनेक समस्या निर्माण होऊ शकतात. या समस्यांची लक्षणे वेळेवर ओळखून उपाययोजना केल्यास उत्पादनातील नुकसान टाळता येते.

मृत्यू वाढणे

BSFL फार्ममध्ये अळ्यांचा अचानक मृत्यू होणे ही गंभीर समस्या आहे. निरोगी अळ्या सतत हालचाल करतात व सक्रियपणे खाद्य खातात. जर मोठ्या प्रमाणात अळ्या मृत अवस्थेत दिसू लागल्या तर तात्काळ कारण शोधणे आवश्यक असते.

प्रमुख कारणे

- अत्यंत जास्त तापमान (40°C पेक्षा जास्त)
- खूप कमी तापमान (15°C पेक्षा कमी)
- ओलावा जास्त होणे
- विषारी रसायनयुक्त फीड
- कीटकनाशक अवशेष असलेला कचरा
- ऑक्सिजनची कमतरता
- अमोनिया वायू वाढणे
- बुरशी किंवा जीवाणूंचा प्रादुर्भाव

लक्षणे

- अळ्यांची हालचाल कमी होणे
- काळ्या किंवा तपकिरी रंगाच्या अळ्या
- कुजण्यास सुरुवात

- दुर्गंधी वाढणे

उपाय

- फीडचे स्रोत तपासणे
- तापमान 27–32°C मध्ये ठेवणे
- बेडमध्ये हवा खेळती ठेवणे
- जास्त ओलावा कमी करणे
- मृत अळ्या त्वरित काढून टाकणे

दुर्गंधी

योग्य BSFL प्रणालीमध्ये जवळजवळ कोणतीही दुर्गंधी नसते. दुर्गंधी येत असल्यास व्यवस्थापनात काहीतरी चूक आहे असे समजावे.

कारणे

- जास्त पाणी असलेला फीड
- ऑक्सिजनची कमतरता
- कुजलेले खाद्य
- मृत अळ्यांचा साठा
- अति घनता

दुर्गंधीचे प्रकार

वास	संभाव्य कारण
कुजलेल्या अंड्यासारखा	हायड्रोजन सल्फाईड
अमोनियासारखा	जास्त प्रथिने विघटन
कुजका वास	ॲनारोबिक परिस्थिती

उपाय

- कोरडा पदार्थ मिसळणे
- बेड हलवून हवा खेळती ठेवणे
- अतिरिक्त फीड काढणे
- योग्य निचरा व्यवस्था ठेवणे

बुरशी

बुरशी हा BSFL उत्पादनातील सर्वात सामान्य शत्रूंपैकी एक आहे.

बुरशी वाढण्याची कारणे

- जास्त ओलावा
- कमी तापमान
- फीड जास्त दिवस पडून राहणे
- हवेचा अभाव

बुरशीची लक्षणे

- पांढरा, हिरवा किंवा काळा थर
- अळ्यांची हालचाल कमी होणे
- खाद्य सेवन घटणे

उपाय

- ओलावा 60–70% पर्यंत मर्यादित ठेवणे
- संक्रमित भाग काढून टाकणे
- फीड ताजे वापरणे
- बेडमध्ये हवा खेळती ठेवणे

मुंग्या

मुंग्या विशेषतः अंडी व नवजात अळ्यांचे मोठे नुकसान करतात.

नुकसान

- अंडी खाणे
- नवजात अळ्या उचलून नेणे
- प्रजनन व्यवस्थेत व्यत्यय

नियंत्रण

- स्टँडच्या पायांना पाण्याचे ट्रे ठेवणे
- ग्रीस किंवा चिकट पदार्थ वापरणे
- परिसर स्वच्छ ठेवणे
- साखरयुक्त पदार्थ साचू न देणे

उंदीर

उंदीर BSFL फार्ममध्ये आर्थिक नुकसान करतात.

नुकसान

- अळ्या खाणे
- पुपा खाणे
- वायरिंगचे नुकसान
- खाद्य खराब करणे

नियंत्रण

- फार्म पूर्णपणे जाळीने बंद करणे
- उंदरांचे सापळे वापरणे
- खाद्य बंद कंटेनरमध्ये ठेवणे
- नियमित निरीक्षण

पाल

पाल साधारणतः नवजात अळ्या व लहान माश्या खातात.

परिणाम

- अंडी उत्पादन घटणे
- प्रजनन कमी होणे

नियंत्रण

- भिंतींवरील फटी बंद करणे
- केज व्यवस्थित सील करणे
- रात्री प्रकाश व्यवस्थापन योग्य ठेवणे

पक्षी

मुक्त वातावरणातील BSFL फार्ममध्ये पक्ष्यांचा त्रास मोठा असू शकतो.

नुकसान

- अळ्या खाणे
- प्रीप्युपा खाणे
- प्रजनन करणाऱ्या माश्यांवर हल्ला

नियंत्रण

- नेट हाऊस वापरणे
- प्रजनन विभाग पूर्णपणे बंद ठेवणे
- बेडवर जाळी बसवणे

परजीवी

BSFL स्वतः रोगांना बऱ्यापैकी प्रतिरोधक असले तरी काही परजीवी व शिकारी कीटक नुकसान करू शकतात.

प्रमुख परजीवी

- माइट्स (Mites)

- बीटल्स
- परजीवी वास्प
- शिकारी माश्या

लक्षणे

- अंडी कमी उबणे
- अळ्यांची वाढ मंदावणे
- मृत्यू वाढणे

नियंत्रण

- नियमित स्वच्छता
- जुना कचरा काढणे
- फार्म निर्जंतुक ठेवणे
- संक्रमित ट्रे वेगळे ठेवणे

उत्पादन घटणे

फीडचे प्रमाण समान असूनही उत्पादन कमी होऊ लागल्यास अनेक घटक जबाबदार असू शकतात.

कारणे

- खराब दर्जाचा फीड
- चुकीची घनता
- तापमानातील बदल
- आनुवंशिक गुणवत्ता कमी होणे

- अपुरी ओलावा व्यवस्थापन

उपाय

- नियमित FCR तपासणे
- प्रत्येक बॅचची नोंद ठेवणे
- फीड विश्लेषण करणे
- दर्जेदार अंडी वापरणे

उत्पादन घटण्याचे संकेत

- वाढीचा कालावधी वाढणे
- सरासरी वजन कमी होणे
- हार्वेस्ट टक्केवारी कमी होणे

अंडी कमी मिळणे

BSFL उद्योगातील सर्वात मोठ्या समस्यांपैकी एक म्हणजे अंडी उत्पादन कमी होणे.

प्रमुख कारणे

1. अपुरी प्रकाश व्यवस्था

BSF माश्यांना प्रजननासाठी तीव्र प्रकाश आवश्यक असतो. नैसर्गिक सूर्यप्रकाश किंवा योग्य LED प्रकाश नसल्यास मेटिंग कमी होते.

2. कमी आर्द्रता

60–80% आर्द्रता आवश्यक असते.

3. नर-मादी प्रमाण बिघडणे

योग्य प्रमाण नसल्यास फलन कमी होते.

4. पुपांची कमी गुणवत्ता

कमकुवत पुपांपासून आलेल्या माश्या कमी अंडी देतात.

5. वृद्ध माश्या

BSF माशीचे आयुष्य साधारण 5–10 दिवस असते. जुनी लोकसंख्या असल्यास उत्पादन कमी होते.

उपाय

- 12–14 तास प्रकाश व्यवस्था
- 60–80% आर्द्रता राखणे
- निरोगी पुपांची निवड
- नियमित नवीन बॅच जोडणे
- ओव्हिपोझिशन ट्रॅप योग्य ठिकाणी ठेवणे
- अंडी संकलन दररोज करणे

उत्कृष्ट अंडी उत्पादनासाठी आदर्श परिस्थिती

घटक	आदर्श मूल्य
तापमान	27–32°C
आर्द्रता	60–80%
प्रकाश	5000–7000 Lux
मेटिंग स्पेस	पुरेशी
पुपांची गुणवत्ता	उच्च

योग्य व्यवस्थापन केल्यास BSFL फार्ममध्ये बहुतेक समस्या टाळता येतात. अनुभवी उत्पादकांचे निरीक्षण असे आहे की सुमारे 80% समस्या तापमान, ओलावा आणि फीड व्यवस्थापनाशी संबंधित असतात. त्यामुळे या तीन घटकांवर सतत लक्ष ठेवणे हे यशस्वी BSFL उत्पादनाचे मुख्य सूत्र आहे.

फ्रास (Frass)

फ्रास म्हणजे काय?

ब्लॅक सोल्जर फ्लाय लार्वा (BSFL) ज्या सेंद्रिय पदार्थांवर वाढतात, त्या पदार्थांचे पचन झाल्यानंतर उरलेला मल, अपूर्ण विघटित सेंद्रिय पदार्थ, अळ्यांची कातडी (Exoskeleton) आणि सूक्ष्मजीव यांचे मिश्रण म्हणजे **फ्रास (Frass)** होय. BSFL उत्पादन प्रक्रियेचा हा एक अत्यंत महत्त्वाचा उपउत्पादन (By-product) आहे.

अनेक वेळा BSFL उत्पादनामध्ये मुख्य लक्ष अळ्यांवर दिले जाते, परंतु प्रत्यक्षात फ्रास हे देखील एक उच्च दर्जाचे सेंद्रिय खत आहे. फ्रासमध्ये वनस्पतींना आवश्यक असलेली अनेक अन्नद्रव्ये, फायदेशीर सूक्ष्मजीव आणि जैवसक्रिय संयुगे आढळतात.

BSFL फीडस्टॉकचे रूपांतर दोन मुख्य उत्पादनांमध्ये होते:

1. BSFL लार्वा (प्रथिन आणि तेल स्रोत)
2. फ्रास (सेंद्रिय खत)

म्हणूनच BSFL उद्योग हा "Zero Waste System" मानला जातो.

फ्रासचा रंग सामान्यतः गडद तपकिरी ते काळपट असतो. त्यामध्ये हलका मातीसारखा वास असतो. योग्य प्रकारे प्रक्रिया केलेला फ्रास सहज हाताळता येतो आणि जमिनीत मिसळणे सोपे असते.

पोषण मूल्य

फ्रासचे पोषण मूल्य फीडस्टॉकनुसार बदलू शकते. उदाहरणार्थ फळांचा कचरा, भाजीपाला कचरा, डेअरी वेस्ट किंवा ब्रुअरी वेस्ट वापरल्यास त्यातील अन्नद्रव्यांचे प्रमाण वेगवेगळे असू शकते.

सामान्यतः फ्रासमध्ये खालील घटक आढळतात:

घटक	**प्रमाण**
नायट्रोजन (N)	2–5%
फॉस्फरस (P)	1–3%
पोटॅशियम (K)	1–5%
सेंद्रिय कार्बन	30–50%
कॅल्शियम	मध्यम
मॅग्नेशियम	मध्यम
सूक्ष्म अन्नद्रव्ये	उपलब्ध

फ्रासचे विशेष फायदे:

- सेंद्रिय पदार्थांचे प्रमाण जास्त
- जमिनीतील सूक्ष्मजीव वाढवतो
- पाणी धारण क्षमता सुधारतो
- मुळांची वाढ प्रोत्साहित करतो
- वनस्पतींची प्रतिकारशक्ती वाढवतो
- जमिनीची रचना सुधारतो

BSFL फ्रासमध्ये **कायटीन (Chitin)** आणि **कायटोसॅन (Chitosan)** सारखी जैवसक्रिय संयुगे असतात. ही संयुगे वनस्पतींमध्ये नैसर्गिक रोगप्रतिकार प्रतिक्रिया सक्रिय करतात.

सेंद्रिय शेतीतील उपयोग

सेंद्रिय शेतीमध्ये फ्रासचा वापर खत, मृदासुधारक आणि जैवउत्तेजक (Biostimulant) म्हणून केला जातो.

फ्रास वापरल्याने:

- रासायनिक खतांची गरज कमी होते
- मातीतील सेंद्रिय कर्ब वाढतो
- गांडुळांची संख्या वाढते
- जमिनीतील सूक्ष्मजीव क्रियाशीलता सुधारते
- दीर्घकालीन उत्पादनक्षमता वाढते

फ्रास एकटाच वापरता येतो किंवा कंपोस्ट, शेणखत, जीवामृत, वर्मी कंपोस्ट यांच्यासोबत मिसळून वापरता येतो.

भाजीपाला पिकांमध्ये वापर

भाजीपाला पिकांना मोठ्या प्रमाणावर अन्नद्रव्यांची आवश्यकता असते. फ्रास हे हळूहळू उपलब्ध होणारे खत असल्यामुळे दीर्घकाळ पोषण पुरवते.

वापरण्याची पद्धत

- बेड तयार करताना प्रति एकर 500 ते 1000 किलो फ्रास मिसळावा.
- रोप लागवडीपूर्वी खड्ड्यात 50 ते 100 ग्रॅम फ्रास टाकावा.
- वाढीच्या अवस्थेत झाडाभोवती टॉप ड्रेसिंग म्हणून वापरावा.

फायदे

- चांगली मुळांची वाढ
- हिरवागार पाला
- अधिक फुलोरा
- उत्पादन वाढ
- गुणवत्तेत सुधारणा

टोमॅटो, मिरची, वांगी, काकडी, दोडका, भेंडी, कोबी, फ्लॉवर इत्यादी पिकांमध्ये उत्कृष्ट परिणाम दिसून येतात.

फळबागांमध्ये वापर

फळझाडांना दीर्घकालीन पोषणाची आवश्यकता असते. फ्रासमधील सेंद्रिय पदार्थ आणि सूक्ष्म अन्नद्रव्ये झाडांच्या एकूण आरोग्यासाठी उपयुक्त ठरतात.

वापरण्याचे प्रमाण

लहान झाडे:

- 500 ग्रॅम ते 2 किलो प्रति झाड

मध्यम झाडे:

- 2 ते 5 किलो प्रति झाड

मोठी उत्पादनक्षम झाडे:

- 5 ते 15 किलो प्रति झाड

फायदे

- फळधारणा वाढते
- फळांचा आकार सुधारतो
- मुळांची वाढ चांगली होते
- मातीतील आर्द्रता टिकून राहते

फुलशेतीमध्ये वापर

फुलशेतीमध्ये गुणवत्तापूर्ण फुले मिळवण्यासाठी संतुलित पोषण आवश्यक असते. फ्रासमधील सेंद्रिय घटक फुलांच्या गुणवत्तेत सुधारणा करतात.

वापर

- लागवडीपूर्वी जमिनीत मिसळणे
- कुंडीत मिक्स म्हणून वापरणे
- टॉप ड्रेसिंग

फायदे

- अधिक फुलोरा
- रंग अधिक आकर्षक
- फुलांचे आयुष्य वाढते
- निरोगी वनस्पती वाढ

रोपवाटिकेमध्ये वापर

रोपवाटिकेमध्ये फ्रास अत्यंत उपयुक्त ठरतो. रोपांच्या सुरुवातीच्या वाढीसाठी आवश्यक पोषण उपलब्ध करून देतो.

पॉटिंग मिक्स

- 60% माती
- 20% कंपोस्ट
- 20% फ्रास

किंवा

- 50% कोकोपीट
- 25% वर्मी कंपोस्ट
- 25% फ्रास

फायदे

- चांगली उगवण
- मजबूत मुळांची वाढ
- जलद रोप विकास

- प्रत्यारोपणानंतर कमी धक्का

द्रवरूप फ्रास

फ्रासपासून तयार केलेले द्रवरूप खत म्हणजे "Frass Tea" किंवा "Frass Extract".

हे वनस्पतींसाठी जलद उपलब्ध होणारे पोषण आणि सूक्ष्मजीव पुरवते.

साहित्य:

- 10 किलो फ्रास
- 100 लिटर पाणी
- प्लास्टिक ड्रम

पद्धत:

1. फ्रास पाण्यात मिसळावा.
2. 24 ते 72 तास भिजू द्यावा.
3. दिवसातून 2-3 वेळा ढवळावे.
4. मिश्रण गाळावे.
5. तयार द्रव वापरावा.

वापर

फवारणी

- 5 ते 10% द्रावण
- 15 दिवसांच्या अंतराने

ड्रेंचिंग

- झाडाच्या बुंध्याजवळ द्यावे

ड्रिपद्वारे

- गाळलेले द्रावण वापरावे

फायदे

- जलद पोषण उपलब्धता
- सूक्ष्मजीवांची संख्या वाढते
- मुळांची वाढ सुधारते
- वनस्पतींचा ताण कमी होतो
- उत्पादन आणि गुणवत्ता वाढते

BSFL अर्थशास्त्र

कोणताही व्यवसाय सुरू करण्यापूर्वी त्याची आर्थिक व्यवहार्यता तपासणे आवश्यक असते. BSFL (Black Soldier Fly Larvae) उद्योगाचे सर्वात मोठे वैशिष्ट्य म्हणजे कमी खर्चात उच्च मूल्याचे उत्पादन तयार करता येते. कचऱ्याचे रूपांतर प्रथिनयुक्त अळ्या, तेल आणि फ्रासमध्ये होत असल्यामुळे एकाच प्रक्रियेत अनेक उत्पन्नाचे स्रोत तयार होतात.

BSFL उद्योगातील नफा प्रामुख्याने खालील घटकांवर अवलंबून असतो.

- उपलब्ध फीडस्टॉकची किंमत
- अंड्यांचा खर्च
- उत्पादन क्षमता
- बाजारातील विक्री दर
- मनुष्यबळ खर्च
- प्रक्रियाकरणाची पातळी

योग्य व्यवस्थापन केल्यास BSFL उद्योग पशुखाद्य, मत्स्यपालन, पोल्ट्री, पाळीव प्राणी खाद्य आणि सेंद्रिय खत उद्योगासाठी अत्यंत फायदेशीर ठरू शकतो.

भांडवली खर्च (Capital Expenditure)

व्यवसाय सुरू करताना एकदाच होणाऱ्या खर्चाला भांडवली खर्च म्हणतात. हा खर्च फार्म उभारणी, यंत्रसामग्री आणि मूलभूत सुविधांसाठी केला जातो.

प्रमुख भांडवली खर्च

1. जमीन

जर स्वतःची जमीन असेल तर हा खर्च वाचतो. भाड्याने जागा घेतल्यास वार्षिक खर्च वेगळा धरावा लागतो.

2. शेड बांधकाम

- GI Pipe Structure
- Shade Net
- Insect Net
- Roofing Sheet

BSFL साठी तापमान व आर्द्रता नियंत्रण महत्त्वाचे असल्यामुळे योग्य शेड आवश्यक असते.

3. ब्रीडिंग विभाग

- ब्रीडिंग केज (Breeding Cage)
- अंडी गोळा करण्याची साधने (Egg Collection Devices)

4. लार्वा उत्पादन विभाग

- हॅचिंग ट्रे

- ग्रोथ ट्रे
- फीडिंग ट्रे
- हार्वेस्टिंग युनिट

5. प्रक्रिया विभाग

- ड्रायर
- ग्राइंडर
- सिव्हिंग मशीन
- तेल काढण्याचे यंत्र

6. युटिलिटी खर्च

- वीज जोडणी
- पाण्याची व्यवस्था
- पंप
- टाक्या

साधारणपणे लहान व्यावसायिक BSFL युनिटसाठी २ ते १० लाख रुपये तर मोठ्या युनिटसाठी २५ लाख ते अनेक कोटी रुपयांपर्यंत गुंतवणूक लागू शकते. आमच्या बीएसएफएल सेटअप ला साधारण अडीच लाख रुपये खर्च आला आहे.

चालू खर्च (Operating Cost)

दररोज किंवा दरमहा होणाऱ्या खर्चाला चालू खर्च म्हणतात.

मुख्य खर्च

- अंडी खरेदी
- फीडस्टॉक वाहतूक
- वीज
- पाणी
- पॅकेजिंग
- दुरुस्ती
- स्वच्छता
- औषधे व निर्जंतुकीकरण

उत्पादन वाढल्यावर प्रति किलो उत्पादनाचा खर्च कमी होत जातो. याला Economy of Scale म्हणतात. हा खर्च प्रत्येक भागामध्ये वेगळा असल्याने हा तुम्हाला स्वतःच मांडावा लागेल.

मनुष्यबळ खर्च

BSFL उद्योगात मोठ्या पशुपालन व्यवसायांच्या तुलनेत कमी मनुष्यबळ लागते.

कामगारांची प्रमुख कामे

- अंडी व्यवस्थापन
- फीडिंग
- ट्रे हलविणे
- हार्वेस्टिंग
- फ्रास प्रक्रिया
- स्वच्छता
- पॅकिंग

मनुष्यबळ आवश्यकता:

युनिट आकार	कामगार
50 किलो/दिवस	1
100 किलो/दिवस	2
250 किलो/दिवस	3-4
500 किलो/दिवस	5-7

हा खर्च प्रत्येक भागामध्ये वेगळा असल्याने हा तुम्हाला स्वतःच मांडावा लागेल. ऑटोमेशन वापरल्यास कामगार खर्च मोठ्या प्रमाणात कमी होऊ शकतो.

Break-even Analysis

व्यवसायातील एकूण उत्पन्न आणि एकूण खर्च समान होण्याच्या बिंदूला Break-even Point म्हणतात.

या टप्प्यानंतर मिळणारे सर्व उत्पन्न प्रत्यक्ष नफा मानले जाते.

Break-even वर परिणाम करणारे घटक

- भांडवली खर्च
- उत्पादन क्षमता
- विक्री दर
- अंडी खर्च
- कामगार खर्च

Cash Flow

Cash Flow म्हणजे व्यवसायात येणाऱ्या आणि जाणाऱ्या पैशांचा प्रवाह.

अनेक BSFL व्यवसाय नफा दाखवतात पण रोख रकमेच्या कमतरतेमुळे अडचणीत येतात.

Cash Inflow

- लार्वा विक्री
- BSFL Meal विक्री
- BSFL Oil विक्री
- Frass विक्री
- प्रशिक्षण व सल्लागार सेवा

Cash Outflow

- पगार
- वीज
- वाहतूक
- अंडी खरेदी
- दुरुस्ती
- पॅकेजिंग

प्रत्येक महिन्याचा Cash Flow Statement तयार केल्यास आर्थिक अडचणी आधीच ओळखता येतात.

Profitability Models

BSFL उद्योगात विविध प्रकारचे नफा मॉडेल विकसित करता येतात.

1. फक्त लार्वा विक्री

सर्वात सोपे मॉडेल.

- ताजी अळी विक्री
- पोल्ट्री फार्म
- मत्स्यपालन
- पक्षीपालन

2. BSFL Meal उत्पादन

अळ्या वाळवून पावडर तयार करणे.

फायदे

- जास्त बाजारभाव
- जास्त शेल्फ लाइफ
- सोपी वाहतूक

3. BSFL Oil उत्पादन

अळ्यांमधून तेल काढणे.

उपयोग

- पशुखाद्य

- पाळीव प्राणी खाद्य
- कॉस्मेटिक्स
- औद्योगिक वापर

4. Frass विक्री

फ्रास स्वतंत्र उत्पादन म्हणून विकता येतो.

- सेंद्रिय शेतकरी
- नर्सरी
- बागायती क्षेत्र

5. Integrated Model

सर्वाधिक नफा देणारे मॉडेल.

उत्पन्न स्रोत

- अंडी
- जिवंत अळ्या
- वाळवलेल्या अळ्या
- मील
- तेल
- फ्रास
- प्रशिक्षण
- सल्लागार सेवा

यामध्ये कचऱ्याचा जवळपास 100% उपयोग होतो आणि एकाच उत्पादनावर अवलंबून राहावे लागत नाही.

माझ्या शेतातील मॉडेल

आमच्या शेतातील BSFL प्रकल्पाचा मुख्य उद्देश अळ्यांची विक्री नसून कोंबड्यांसाठी उच्च दर्जाचे अन्न तयार करणे हा आहे. आम्ही प्रत्येक कोंबडीसाठी दररोज सुमारे ५० ग्रॅम BSFL अळ्या तयार करतो. सध्या बाजारातील रेडिमेड कोंबडी खाद्याची एक बॅग सुमारे ₹१,६५० ला मिळते, म्हणजे जवळपास ₹३३ प्रति किलो. त्या खाद्यामध्ये नेमके कोणते घटक आहेत, त्यांची गुणवत्ता काय आहे किंवा त्यातील कच्चा माल कुठून आला आहे याची ग्राहकाला फारशी माहिती नसते.

त्याच्या तुलनेत आमच्या BSFL उत्पादनाचा खर्च पूर्णपणे पारदर्शक आहे. दररोजचा खर्च साधारणपणे पुढीलप्रमाणे आहे:

- मजुरी: ₹४००
- फीड वाहतूक: ₹७०० (₹५०० डिझेल + ₹२०० ड्रायव्हर)
- BSFL अंडी: ₹४००

अशा प्रकारे एकूण ₹१,५०० खर्चात आम्ही दररोज सुमारे ५० किलो अळ्या आणि ५० ते १०० किलो फ्रास तयार करतो. सरळ गणित केले तर अळ्यांचा उत्पादन खर्च सुमारे ₹३० प्रति किलो येतो. मात्र हे गणित अपूर्ण आहे, कारण त्याच प्रक्रियेत फ्रासमारखे उत्कृष्ट सेंद्रिय खत देखील तयार होते.

जर फ्रासची किंमत अगदी माफक दराने ₹१० प्रति किलो धरली, तर खतातून मिळणारे मूल्य वजा केल्यावर कोंबड्यांसाठी मिळणाऱ्या अळ्यांचा प्रभावी खर्च सुमारे ₹२० प्रति किलोपर्यंत खाली येतो. म्हणजेच बाजारातील खाद्यापेक्षा कमी किमतीत आणि अधिक दर्जेदार प्रथिनयुक्त अन्न आम्हाला मिळते. शिवाय याच फ्रासमुळे आमच्या भाजीपाला, फळबाग आणि इतर पिकांसाठी उच्च दर्जाचे सेंद्रिय खत रोज तयार होते.

याशिवाय अतिरिक्त तयार होणाऱ्या अळ्या वाळवून आम्ही फिश फूड म्हणून विकतो. वाळवलेल्या BSFL मध्ये प्रथिनांचे प्रमाण जास्त असल्यामुळे त्याला चांगली बाजारपेठ उपलब्ध आहे आणि त्यातून कच्च्या अळ्यांच्या तुलनेत अनेक पटीने अधिक मूल्य मिळते. सध्या आम्ही स्वतःचे BSFL अंडी उत्पादन सुरू केले आहे. त्याचे प्रमाण अजून मर्यादित असले तरी भविष्यात अंडी खरेदीचा खर्च मोठ्या प्रमाणात कमी करण्याची क्षमता त्यामध्ये आहे.

BSFL चा सर्वात मोठा फायदा मात्र आर्थिक आकड्यांमध्ये पूर्णपणे दिसून येत नाही. अळ्यांचा समावेश केल्यानंतर आमच्या कोंबड्यांच्या आरोग्यामध्ये स्पष्ट सुधारणा दिसून आली. अंड्यांचे उत्पादन वाढले, कोंबड्यांचा मृत्युदर लक्षणीयरीत्या कमी झाला आणि त्यांची पिसे अधिक चकचकीत व निरोगी दिसू लागली. अनेक वेळा त्या कोंबड्या जणू तेल मालिश केल्याप्रमाणे चमकत असल्याचे जाणवते.

आमच्या अंड्यांची प्रयोगशाळेत तपासणी केल्यानंतर आणखी महत्त्वाचे परिणाम समोर आले. बाजारातील सामान्य अंड्यांच्या तुलनेत आमच्या अंड्यांमध्ये २१% अधिक प्रथिने, ५ पट अधिक पोटॅशियम, ६ पट अधिक सोडियम आणि ३७ पट अधिक कॅल्शियम आढळले. या सुधारित पोषणमूल्यामुळे ग्राहकांचा विश्वास वाढला आणि अंड्यांची मागणी सातत्याने वाढत गेली. परिणामी आमची अंडी वर्षभर ₹१५ पेक्षा जास्त दराने विकली जातात.

आमच्या बाबतीत BSFL उत्पादन फक्त स्वतःच्या कोंबड्यांसाठी मर्यादित असल्यामुळे थेट आर्थिक नफा कदाचित फार मोठा दिसत नाही. परंतु अप्रत्यक्ष फायदे प्रचंड आहेत. कोंबड्यांचे खाद्य स्वस्त होते, अंड्यांची गुणवत्ता सुधारते, विक्री दर वाढतो, मृत्युदर कमी होतो, शेतासाठी उत्कृष्ट सेंद्रिय खत मिळते, जैविक कचऱ्याचे व्यवस्थापन होते आणि अतिरिक्त उत्पादनातून स्वतंत्र उत्पन्नाचे स्रोत निर्माण होतात.

म्हणूनच BSFL ला केवळ "अळ्या उत्पादनाचा व्यवसाय" म्हणून न पाहता, कोंबडीपालन, सेंद्रिय शेती, कचरा व्यवस्थापन आणि मूल्यवर्धित उत्पादन यांना जोडणारी एक सर्क्युलर अर्थव्यवस्था म्हणून पाहणे अधिक योग्य ठरेल. अशा मॉडेलमध्ये नफा केवळ एका उत्पादनातून मिळत नाही, तर संपूर्ण शेती व्यवस्था अधिक कार्यक्षम, स्वावलंबी आणि टिकाऊ बनते.

मार्केटिंग आणि विक्री

मार्केटिंग

BSFL उद्योगात उत्पादन करणे जितके महत्त्वाचे आहे तितकेच त्याची प्रभावी विक्री करणेही महत्त्वाचे आहे. अनेक शेतकरी किंवा उद्योजक उत्कृष्ट दर्जाचे लार्वा, BSFL मील किंवा फ्रास तयार करतात; परंतु योग्य बाजारपेठ नसल्यामुळे त्यांना अपेक्षित नफा मिळत नाही. BSFL उत्पादन हे अजूनही भारतात नव्याने विकसित होत असलेले क्षेत्र असल्याने ग्राहकांना उत्पादनाचे फायदे समजावून सांगणे आवश्यक असते.

यशस्वी मार्केटिंगसाठी खालील बाबींवर लक्ष दिले पाहिजे:

- उत्पादनाचा दर्जा सातत्यपूर्ण ठेवणे
- पोषण मूल्यांची चाचणी करून अहवाल उपलब्ध करणे
- ग्राहकांना डेमो आणि ट्रायल देणे
- सोशल मीडियाचा वापर करणे
- शेतकरी मेळावे आणि प्रदर्शनांमध्ये सहभाग घेणे
- थेट ग्राहकांशी संपर्क ठेवणे
- ब्रँड तयार करणे

BSFL उद्योगात "विश्वास" हा सर्वात मोठा विक्रीचा घटक आहे. एकदा ग्राहकाला चांगले परिणाम दिसले की तो दीर्घकालीन ग्राहक बनू शकतो.

ग्राहक कोण?

BSFL उत्पादनांचे ग्राहक अनेक प्रकारचे असू शकतात. लार्वा, BSFL मील, तेल आणि फ्रास या प्रत्येक उत्पादनासाठी स्वतंत्र बाजारपेठ उपलब्ध आहे.

मुख्य ग्राहक गट:

- पोल्ट्री फार्म
- मत्स्यपालन व्यवसाय
- कोळंबी पालन उद्योग
- पाळीव प्राणी खाद्य उत्पादक
- सेंद्रिय शेती करणारे शेतकरी
- खत उत्पादक कंपन्या
- नर्सरी आणि रोपवाटिका
- कृषी सेवा केंद्रे
- पशुखाद्य उत्पादक
- निर्यातदार

एकाच वेळी अनेक ग्राहक गटांना विक्री करण्याची रणनीती अवलंबल्यास व्यवसायाचा धोका कमी होतो.

पोल्ट्री उद्योग

BSFL साठी सर्वात मोठी बाजारपेठ म्हणजे पोल्ट्री उद्योग होय. कोंबड्यांच्या नैसर्गिक आहारामध्ये विविध प्रकारचे कीटक आणि अळ्या असतात. त्यामुळे BSFL हा त्यांच्यासाठी अत्यंत नैसर्गिक आणि पौष्टिक खाद्य स्रोत आहे.

पोल्ट्री उद्योगातील फायदे

- 40% ते 60% प्रथिने
- उच्च दर्जाचे अमिनो आम्ल
- चांगली वाढ
- अंडी उत्पादनात सुधारणा

- खाद्य खर्चात बचत
- रोगप्रतिकारक शक्ती वाढ

ब्रॉयलर, लेयर, देशी कोंबड्या, कडकनाथ आणि बटेर पालनामध्ये BSFL चा मोठ्या प्रमाणात वापर केला जात आहे.

भारतामध्ये पोल्ट्री उद्योगाचा आकार लाखो टन खाद्य वापराचा आहे. त्यामुळे BSFL साठी भविष्यात प्रचंड बाजारपेठ उपलब्ध होऊ शकते.

मत्स्य उद्योग

मत्स्यपालन हा BSFL साठी दुसरा सर्वात मोठा ग्राहक वर्ग आहे. मासे नैसर्गिकरित्या कीटक खात असल्यामुळे BSFL हे त्यांच्यासाठी उत्कृष्ट खाद्य आहे.

मत्स्यपालनामध्ये उपयोग

- तिलापिया
- पंगासियस
- कॅटफिश
- रोहु
- कतला
- मृगल
- कोळंबी पालन

फायदे

- जलद वाढ
- FCR मध्ये सुधारणा
- खाद्य खर्चात बचत

- रोगप्रतिकारक शक्ती वाढ

फिश मीलची किंमत सतत वाढत असल्याने अनेक मत्स्यपालक BSFL मीलकडे पर्याय म्हणून पाहत आहेत.

Pet Food उद्योग

जगभरातील Pet Food उद्योग वेगाने वाढत आहे. कुत्रे, मांजरी, पक्षी आणि इतर पाळीव प्राण्यांसाठी उच्च प्रथिनयुक्त खाद्याची मागणी सतत वाढत आहे.

BSFL आधारित Pet Food चे काही फायदे:

- उच्च दर्जाचे प्रथिने
- सहज पचन
- हायपोअलर्जेनिक गुणधर्म
- नैसर्गिक चरबी
- पर्यावरणपूरक उत्पादन

युरोप आणि अमेरिकेमध्ये अनेक कंपन्या पूर्णपणे BSFL आधारित Dog Food आणि Cat Food तयार करत आहेत.

भारतातही हा उद्योग सुरुवातीच्या टप्प्यात असला तरी भविष्यात मोठ्या प्रमाणात वाढण्याची शक्यता आहे.

Organic Farming

सेंद्रिय शेती क्षेत्रात BSFL फ्रासची मागणी झपाट्याने वाढत आहे. रासायनिक खतांच्या वाढत्या किंमती आणि जमिनीच्या घटत्या सुपीकतेमुळे शेतकरी पर्यायी खतांचा शोध घेत आहेत.

फ्रासचे फायदे:

- सेंद्रिय कार्बन वाढवतो
- सूक्ष्म अन्नद्रव्ये पुरवतो
- उपयुक्त सूक्ष्मजीव वाढवतो
- मुळांची वाढ सुधारतो
- उत्पादनात वाढ करतो

भाजीपाला, फळबाग, ऊस, फुलशेती आणि रोपवाटिका क्षेत्रामध्ये फ्रासची मागणी सातत्याने वाढत आहे.

Frass मार्केट

फ्रास हे BSFL उद्योगाचे अत्यंत महत्त्वाचे उपउत्पादन आहे. अनेक वेळा लार्वापेक्षा फ्रासमधून अधिक नफा मिळू शकतो.

फ्रासचे संभाव्य ग्राहक

- सेंद्रिय शेतकरी
- नर्सरी
- किचन गार्डन मालक
- टेरेस गार्डनिंग ग्राहक
- कृषी सेवा केंद्रे
- खत उत्पादक कंपन्या

विक्रीचे प्रकार

- लूज फ्रास
- पॅक केलेला फ्रास

- ग्रॅन्युलर फ्रास
- द्रवरूप फ्रास
- फ्रास आधारित मिश्र खत

योग्य ब्रँडिंग आणि पॅकेजिंग केल्यास फ्रासची किरकोळ किंमत घाऊक किंमतीपेक्षा अनेक पट जास्त मिळू शकते.

ब्रँडिंग

BSFL उद्योगामध्ये भविष्यात स्पर्धा वाढणार आहे. त्यामुळे मजबूत ब्रँड तयार करणे अत्यावश्यक ठरणार आहे.

ब्रँडिंगमध्ये खालील बाबी महत्त्वाच्या असतात:

- आकर्षक नाव
- व्यावसायिक लोगो
- पॅकेजिंग
- गुणवत्तेची हमी
- प्रयोगशाळा अहवाल
- ग्राहक अनुभव
- सोशल मीडिया उपस्थिती

ग्राहक उत्पादनापेक्षा विश्वास खरेदी करतो. त्यामुळे ब्रँड हा दीर्घकालीन यशाचा पाया असतो.

विक्री नेटवर्क

एकाच ग्राहकावर अवलंबून राहणे धोकादायक असते. मजबूत विक्री नेटवर्क तयार करणे आवश्यक आहे.

विक्रीचे प्रमुख मार्ग

- थेट विक्री
- डीलर नेटवर्क
- वितरक
- कृषी सेवा केंद्रे
- पोल्ट्री फीड विक्रेते
- ऑनलाइन विक्री
- ई-कॉमर्स प्लॅटफॉर्म
- सोशल मीडिया मार्केटिंग

चांगले विक्री नेटवर्क तयार झाल्यास उत्पादन वाढले तरी बाजारपेठेची समस्या निर्माण होत नाही.

निर्यात संधी

BSFL उद्योगात निर्यातीसाठी मोठी संधी उपलब्ध आहे. जगभरातील पशुखाद्य आणि मत्स्य खाद्य उद्योगांना पर्यावरणपूरक प्रथिन स्रोतांची गरज आहे.

निर्यात होणारी प्रमुख उत्पादने:

- BSFL मील
- BSFL तेल

- सुकवलेले लार्वा
- फ्रास
- प्रीमियम Pet Food घटक

युरोप, अमेरिका, कॅनडा, जपान, दक्षिण कोरिया आणि मध्यपूर्वेतील देशांमध्ये BSFL उत्पादनांची मागणी वेगाने वाढत आहे.

भारतात मोठ्या प्रमाणात सेंद्रिय कचरा उपलब्ध असल्यामुळे BSFL उत्पादनाचा खर्च तुलनेने कमी येऊ शकतो. त्यामुळे भारताला भविष्यात जागतिक BSFL उत्पादन केंद्र बनण्याची मोठी संधी आहे.

संशोधन, तंत्रज्ञान, भविष्य

Black Soldier Fly Larvae (BSFL) उद्योग हा जगातील सर्वात वेगाने विकसित होणाऱ्या जैवतंत्रज्ञान क्षेत्रांपैकी एक मानला जातो. गेल्या दोन दशकांत BSFL वर हजारो संशोधन प्रकल्प झाले आहेत. सुरुवातीला या कीटकाचा उपयोग फक्त सेंद्रिय कचरा कमी करण्यासाठी केला जात होता, परंतु आज BSFL हे प्रथिने, चरबी, सेंद्रिय खत, जैवइंधन आणि पशुखाद्य उद्योगासाठी महत्त्वाचे साधन बनले आहे.

संशोधनातून सिद्ध झाले आहे की BSFL विविध प्रकारचा सेंद्रिय कचरा 50% ते 80% पर्यंत कमी करू शकतात. त्याच वेळी ते कचऱ्याचे उच्च मूल्य असलेल्या प्रथिनांमध्ये आणि फॅटमध्ये रूपांतर करतात. त्यामुळे BSFL ला "Waste to Wealth Technology" असेही म्हटले जाते.

आज जगभरातील विद्यापीठे, संशोधन संस्था, पशुखाद्य कंपन्या आणि पर्यावरणीय संस्था BSFL वर मोठ्या प्रमाणावर संशोधन करत आहेत.

जगातील प्रमुख संशोधन

1. Wageningen University (नेदरलँड्स)

BSFL संशोधनामध्ये नेदरलँड्समधील Wageningen University अग्रस्थानी आहे.

त्यांच्या संशोधनातून खालील निष्कर्ष समोर आले आहेत:

- BSFL हे सोयाबीनपेक्षा अधिक शाश्वत प्रथिन स्रोत आहे.
- माशांच्या खाद्यामध्ये 50% पर्यंत फिशमीलची जागा BSFL Meal घेऊ शकते.
- BSFL उत्पादनासाठी पाणी आणि जमीन खूप कमी लागते.
- कार्बन उत्सर्जन मोठ्या प्रमाणात कमी होते.

2. ETH Zurich (स्वित्झर्लंड)

या संस्थेने शहरी कचरा व्यवस्थापनात BSFL चा वापर अभ्यासला.

निष्कर्ष:

- शहरातील ओला कचरा BSFL द्वारे जलदगतीने प्रक्रिया करता येतो.
- लँडफिलमध्ये जाणारा कचरा कमी होतो.
- मिथेन उत्सर्जनात घट होते.

3. University of California (USA)

संशोधन विषय:

- Poultry Feed मध्ये BSFL चा वापर

- Aquaculture Feed
- Pet Food Formulations

परिणाम:

- कोंबड्यांच्या वाढीत सुधारणा
- अंड्यांची गुणवत्ता वाढ
- फीड खर्च कमी

4. Singapore Food Waste Projects

सिंगापूरमध्ये BSFL चा वापर:

- हॉटेल कचरा
- सुपरमार्केट वेस्ट
- रेस्टॉरंट वेस्ट

यांच्या प्रक्रियेसाठी मोठ्या प्रमाणात केला जातो.

5. Industrial Scale Research

जगातील अनेक कंपन्या लाखो टन सेंद्रिय कचरा BSFL द्वारे प्रक्रिया करतात.

संशोधनाचे मुख्य उद्दिष्ट:

- उत्पादन खर्च कमी करणे
- ऑटोमेशन वाढवणे
- उच्च दर्जाचे प्रथिन उत्पादन
- औद्योगिक प्रमाणात स्केलिंग

भारतातील संशोधन

भारतामध्ये BSFL उद्योग अजून सुरुवातीच्या टप्प्यात असला तरी अनेक संशोधन संस्था सक्रिय आहेत.

ICAR

Indian Council of Agricultural Research (ICAR) विविध पशुखाद्य प्रयोगांमध्ये BSFL चा अभ्यास करत आहे.

संशोधन क्षेत्र:

- पोल्ट्री
- मत्स्यपालन
- डुक्कर पालन
- पाळीव प्राणी खाद्य

CIFE (Central Institute of Fisheries Education)

BSFL Meal चा मासे खाद्यामध्ये वापर.

निष्कर्ष:

- Fish Growth Rate वाढते.
- Feed Conversion Ratio सुधारते.
- फिशमीलवरील अवलंबित्व कमी होते.

TANUVAS

Tamil Nadu Veterinary and Animal Sciences University

संशोधन:

- Poultry Feed मध्ये BSFL
- Layer आणि Broiler Performance
- Egg Quality

ICAR-CIFA

मत्स्यपालन क्षेत्रातील BSFL वापरावरील संशोधन.

निष्कर्ष:

- Catfish
- Tilapia
- Pangasius

यांच्या खाद्यामध्ये BSFL यशस्वी ठरले.

भारतीय स्टार्टअप संशोधन

भारतातील अनेक स्टार्टअप खालील विषयांवर काम करत आहेत:

- कचरा व्यवस्थापन
- BSFL प्रथिने
- BSFL तेल
- Pet Food
- Aquafeed

यामुळे भारतात BSFL उद्योगाचा वेगाने विस्तार होण्याची शक्यता आहे.

नवीन तंत्रज्ञान

BSFL उद्योग वेगाने तांत्रिक होत आहे.

आधुनिक तंत्रज्ञान

- IoT Sensors
- Smart Feeding Systems
- Automated Harvesting
- Climate Control Systems
- Machine Vision

या तंत्रज्ञानामुळे उत्पादन वाढते आणि मनुष्यबळ खर्च कमी होतो.

Smart Monitoring

आधुनिक फार्ममध्ये खालील गोष्टी सतत मोजल्या जातात:

- तापमान
- आर्द्रता
- CO_2 पातळी
- सब्सट्रेट ओलावा
- लार्वा घनता

सेन्सरमधील माहिती मोबाईलवर उपलब्ध होते.

Computer Vision

कॅमेऱ्यांच्या साहाय्याने:

- लार्वाची वाढ मोजणे
- मृत्यू दर शोधणे
- हार्वेस्टिंगची योग्य वेळ ठरवणे

शक्य होते.

AI आणि BSFL

कृत्रिम बुद्धिमत्ता (Artificial Intelligence) BSFL उद्योगात मोठा बदल घडवू शकते.

AI आधारित फीड ऑप्टिमायझेशन

AI खालील माहितीचा अभ्यास करू शकते:

- फीडस्टॉक प्रकार
- प्रथिन प्रमाण
- कार्बोहायड्रेट प्रमाण
- ओलावा
- तापमान

आणि सर्वाधिक वाढ मिळण्यासाठी योग्य फॉर्म्युला सुचवू शकते.

AI आधारित उत्पादन अंदाज

AI खालील गोष्टींचा अंदाज लावू शकते:

- किती लार्वा तयार होतील
- हार्वेस्ट तारीख

- मृत्यू दर
- FCR

यामुळे व्यवस्थापन अधिक अचूक होते.

AI आधारित रोग आणि समस्या शोध

कॅमेरा व सेन्सर डेटा वापरून AI:

- बुरशी वाढ
- जास्त उष्णता
- कमी वाढ
- सब्सट्रेट खराब होणे

यांचा पूर्वीच इशारा देऊ शकते.

AI आधारित मार्केट विश्लेषण

AI च्या मदतीने:

- BSFL Meal ची मागणी
- Frass ची मागणी
- बाजारभाव
- विक्री अंदाज

यांचे विश्लेषण करता येते.

ऑटोमेटेड फार्म

भविष्यातील BSFL फार्म हे जवळपास पूर्णपणे स्वयंचलित असतील.

Feeding Automation: फीड स्वयंचलितपणे ट्रेमध्ये टाकले जाईल.

Climate Automation: तापमान आणि आर्द्रता आपोआप नियंत्रित होईल.

Harvest Automation: तयार लार्वा मशीनद्वारे वेगळे केले जातील.

Frass Collection: फ्रास संकलन यंत्रणेद्वारे होईल.

Data Analytics: संपूर्ण फार्मचा डेटा क्लाउडवर साठवला जाईल.

ऑटोमेटेड फार्मचे फायदे

- कमी मनुष्यबळ
- अधिक उत्पादन
- कमी चुका
- सातत्यपूर्ण गुणवत्ता
- मोठ्या प्रमाणावर उत्पादन

भविष्यातील संधी

BSFL उद्योग पुढील 20 वर्षांत कृषी आणि कचरा व्यवस्थापन क्षेत्रातील सर्वात मोठ्या उद्योगांपैकी एक ठरू शकतो.

1. प्रथिन क्रांती

जगातील प्रथिनांची मागणी वेगाने वाढत आहे.

BSFL हे:

- सोयाबीन
- फिशमील
- मांस उद्योग

यांना पर्याय देऊ शकते.

२. Pet Food Industry

कुत्रा आणि मांजर खाद्य उद्योगात BSFL Protein ची मागणी वाढत आहे.

कारणे:

- उच्च प्रथिने
- कमी ॲलर्जी
- शाश्वत उत्पादन

३. कार्बन क्रेडिट

कचरा प्रक्रिया आणि कार्बन उत्सर्जन कमी केल्यामुळे भविष्यात BSFL प्रकल्पांना कार्बन क्रेडिट मिळू शकतात.

४. जैवइंधन (Biofuel)

BSFL Oil पासून:

- Biodiesel
- Industrial Oils

निर्माण करण्यावर संशोधन सुरू आहे.

५. ग्रामीण उद्योजकता

भारतातील गावांमध्ये:

- कचरा व्यवस्थापन
- पोल्ट्री फीड
- मत्स्य फीड
- सेंद्रिय खत

या सर्वांसाठी BSFL आधारित सूक्ष्म उद्योग निर्माण होऊ शकतात.

बीएसएफ डेअरी आणि विकेंद्रित उत्पादन मॉडेल

बीएसएफएल उद्योगाचा विचार करताना बहुतांश लोकांचे लक्ष अळ्या उत्पादनावर केंद्रित असते. मात्र कोणताही उद्योग केवळ उत्पादनावर मोठा होत नाही. उत्पादनाबरोबरच संकलन, प्रक्रिया, मूल्यवर्धन, विपणन आणि वितरण यांची मजबूत साखळी तयार झाली तरच उद्योग व्यापक स्तरावर विकसित होतो.

भारतातील दूध उद्योग हे याचे सर्वोत्तम उदाहरण आहे. देशातील लाखो दूध उत्पादक शेतकरी स्वतः दूध पॅक करून विकत नाहीत. ते दूध डेअरीला विकतात. डेअरी त्याचे संकलन करते, गुणवत्ता तपासते, प्रक्रिया करते आणि विविध उत्पादने तयार करून बाजारात विकते. त्यामुळे अगदी लहान उत्पादक सुद्धा मोठ्या उद्योगाचा भाग बनतो.

बीएसएफएल उद्योगासाठीही अशीच व्यवस्था आवश्यक आहे.

भविष्यात प्रत्येक बीएसएफ उत्पादकाने स्वतः मार्केटिंग करणे, ग्राहक शोधणे, ड्रायर उभारणे, तेल काढण्याची यंत्रणा बसवणे किंवा फिश फूड तयार करणे आवश्यक नसावे. त्याऐवजी उत्पादकांनी अळ्या उत्पादनावर लक्ष केंद्रित करावे आणि त्या अळ्या जवळच्या बीएसएफ डेअरीला विकाव्यात.

बीएसएफ डेअरी ही अळ्यांचे संकलन आणि प्रक्रिया करणारी मध्यवर्ती संस्था असेल. विविध उत्पादकांकडून अळ्या गोळा करून त्यांचे वर्गीकरण, वाळवणे, प्रक्रिया करणे आणि मूल्यवर्धित उत्पादने तयार करणे हे तिचे मुख्य कार्य असेल.

अशा डेअरीमधून अनेक प्रकारची उत्पादने तयार होऊ शकतात. सुकवलेल्या अळ्या, बीएसएफ मील, बीएसएफ तेल, फिश फीड, पोल्ट्री फीड घटक, पाळीव प्राण्यांचे खाद्य तसेच फ्रास आधारित सेंद्रिय खते यांचा समावेश त्यामध्ये होतो.

यामुळे उत्पादक आणि ग्राहक दोघांचाही फायदा होतो. उत्पादकाला निश्चित बाजारपेठ मिळते, तर ग्राहकाला प्रमाणित आणि सातत्यपूर्ण दर्जाचा माल उपलब्ध होतो.

शेतकऱ्यांपुरता मर्यादित नसलेला उद्योग

बीएसएफएल उद्योगाचे सर्वात मोठे वैशिष्ट्य म्हणजे हा उद्योग शेतीशी जोडलेला असला तरी तो केवळ शेतकऱ्यांसाठी मर्यादित नाही.

जिथे सेंद्रिय कचरा निर्माण होतो, तिथे बीएसएफ उत्पादनाची संधी निर्माण होते.

मेस, हॉटेल्स, ढाबे, कॅन्टीन, कार्यालये, हॉस्टेल्स, रुग्णालये आणि लग्नसमारंभ केंद्रांमधून दररोज मोठ्या प्रमाणात अन्नकचरा तयार होतो. हा कचरा बाहेर टाकण्यासाठी पैसे खर्च करावे लागतात. अनेक वेळा महापालिका किंवा खासगी कंत्राटदारांची मदत घ्यावी लागते. म्हणजे कचरा हा खर्चाचा विषय बनतो.

बीएसएफ मॉडेलमध्ये हाच कचरा उत्पादनाचा कच्चा माल बनतो.

जर एखाद्या मोठ्या मेसने किंवा हॉटेलने स्वतःचे छोटे बीएसएफ युनिट उभारले, तर कचरा व्यवस्थापनाचा खर्च कमी होऊ शकतो. त्याचबरोबर तयार होणाऱ्या अळ्या आणि फ्रास यांच्या विक्रीतून अतिरिक्त उत्पन्नही मिळू शकते. एक किंवा दोन व्यक्तींना रोजगार देऊन हा उद्योग सहज चालवता येऊ शकतो.

सामाजिक संस्थांसाठी संधी

मिड डे मील योजना राबवणाऱ्या संस्था, आश्रमशाळा, निवासी शाळा, धार्मिक अन्नछत्रे आणि सामुदायिक स्वयंपाकगृहे यांच्याकडेही सेंद्रिय कचऱ्याचे मोठे स्रोत उपलब्ध असतात.

अशा संस्थांना बीएसएफ तंत्रज्ञानाचा दुहेरी फायदा मिळू शकतो. एकीकडे कचऱ्याची योग्य विल्हेवाट लागते आणि दुसरीकडे उत्पन्नाचा एक नवीन स्रोत निर्माण होतो. तयार होणारा फ्रास संस्थांच्या बागा, वृक्षारोपण किंवा शेती प्रकल्पांमध्ये वापरता येतो.

फूड प्रोसेसिंग उद्योगातील संधी

फळे, भाजीपाला, बेकरी उत्पादने, स्नॅक्स, ज्यूस, जॅम, सॉस आणि इतर खाद्यपदार्थ प्रक्रिया करणाऱ्या उद्योगांमध्ये मोठ्या प्रमाणात जैविक अवशेष निर्माण होतात.

फळांच्या साली, बिया, खराब झालेला कच्चा माल, उत्पादन प्रक्रियेतून निघालेले अवशेष आणि विक्रीयोग्य नसलेली उत्पादने अनेकदा कचऱ्यात टाकली जातात. या सर्व घटकांचा वापर बीएसएफ अळ्यांच्या खाद्यासाठी केला जाऊ शकतो.

यामुळे उद्योगांचा कचरा व्यवस्थापन खर्च कमी होतो आणि त्याच वेळी मूल्यवर्धित उत्पादनांची निर्मिती होते.

भविष्यातील दिशा

आज भारतात सेंद्रिय कचऱ्याचे व्यवस्थापन ही मोठी समस्या मानली जाते. पण योग्य दृष्टीकोनातून पाहिले तर हा कचरा एक मौल्यवान संसाधन आहे.

भविष्यात प्रत्येक जिल्ह्यात बीएसएफ डेअरी, प्रत्येक तालुक्यात संकलन केंद्र आणि हजारो लहान उत्पादकांचे जाळे तयार होऊ शकते. या माध्यमातून कचऱ्याचे प्रथिनांमध्ये, खतांमध्ये आणि विविध मूल्यवर्धित उत्पादनांमध्ये रूपांतर होईल.

दूध उद्योगाने जशी श्वेत क्रांती घडवली, तशीच बीएसएफ उद्योग कचऱ्याचे संसाधनांमध्ये रूपांतर करून एक नवी प्रथिन क्रांती घडवू शकतो.

बीएसएफ हा फक्त एक कीटक नाही. तो कचरा व्यवस्थापन, रोजगार निर्मिती, पशुखाद्य उत्पादन, सेंद्रिय शेती आणि परिपत्र अर्थव्यवस्था यांना जोडणारा एक संपूर्ण उद्योग आहे.

www.ingramcontent.com/pod-product-compliance
Lightning Source LLC
LaVergne TN
LVHW050911210926
848482LV00012B/397
* 9 7 9 8 9 0 5 4 0 8 1 2 0 *